Hamburger Rechtsstudien

herausgegeben von Mitgliedern der Rechts- und Staatswissenschaftlichen Fakultät der Hamburgischen Universität

Heft 1

Die „Hamburger Rechtsstudien" erscheinen
in zwangloser Folge und sind einzeln käuflich

Der Begriff des Versicherungsfalles in der Seeversicherung

von

Dr. F. Alexander Bene

Hamburg
Friederichsen, de Gruyter & Co. m. b. H.
1928

Diese Arbeit ist als Doktordissertation
von der Rechts- und Staatswissenschaftlichen Fakultät
der Hamburgischen Universität angenommen worden

Druck und Einband von J. J. Augustin in Glückstadt und Hamburg.

Inhalt.

Literaturverzeichnis.

Arnould, On the law of Marine insurance and average. London 1914.
Aschenheim, Der Abandon des Versicherten. Berlin 1893.
Boyens, Bemerkungen zu dem Aufsatz Wittmaacks: „Wann tritt der Totalverlust eines Schiffes ein?" ZHR. 76, 409ff.
Bruck, Reichsgesetz über den Versicherungsvertrag. 5. Aufl. Berlin und Leipzig 1926.
Bruck-Dörstling, Das Recht des Lebensversicherungsvertrages. Mannheim, Berlin, Leipzig 1924.
Chalmers, The Marine Insurance Act 1906. London 1913.
Ehrenberg, Der Versicherungsfall überhaupt und in der Haftpflichtversicherung. In: Versicherung und Geldwirtschaft. 1927 S. 169ff.
Framhein, Die Herbeiführung des Versicherungsfalls. Diss. Berlin 1927.
Georgii, Die Haftpflichtversicherung. Stuttgart 1904.
Gerhard-Hagen, Kommentar zum Deutschen Reichsgesetz über den Versicherungsvertrag. Berlin 1908.
Gierke, Die Haftpflichtversicherung und ihre Zukunft. ZHR. 60, 1ff.
Gottschalk, Die Herbeiführung des Versicherungsfalls durch den Versicherten in der Versicherung für fremde Rechnung. In: Juristische Rundschau für die Privatversicherung. 1927 S. 265ff.
Hagen, Handbuch des gesamten Handelsrechts. Achter Band. Leipzig 1922.
Helberg, Der Abandon in der Seeversicherung auf rechtsvergleichender Grundlage. Diss. Mannheim-Berlin-Leipzig 1925.
Hupka, Der Begriff des Versicherungsvertrages. ZHR.66, 546ff.
Josef, Das Reichsgesetz über den Versicherungsvertrag mit Kommentar und Anmerkungen. Berlin 1908.
—, Eintritt des Versicherungsfalls in Z. f. Vers. Wiss. 11, 129.
Kersting, Ernst Framhein jr.: Die Herbeiführung des Versicherungsfalls JW. 1927 S. 1668.
Kisch, Handbuch des Privatversicherungsrechts. München, Berlin und Leipzig 1920.
Kitada, Der Abandon in der Seeversicherung. Diss. Leipzig 1908.
Lindner-Fell, Reichsgesetz über den Versicherungsvertrag. Berlin 1909.
Molt, Der Kreditversicherungsvertrag. Berlin, Stuttgart, Leipzig 1913.
Niemeyer, Die Unwiderruflichkeit des Abandons. HRZ. 1918 S. 73ff.
Pauly, Die englische Kriegsgefahrversicherung in der Seeversicherung. Marburg 1919.
Peef, Der Versicherungsfall überhaupt und insbesondere bei der Haftpflichtversicherung. Diss. 1914.
Ritter, Das Recht der Seeversicherung, ein Kommentar zu den Allgemeinen deutschen Seeversicherungsbedingungen von 1919. Hamburg 1924.
—, Vorsätzliche Verursachung eines Schadens durch den Versicherungsnehmer. LZ. 1914, 354ff.
Schneider, Reichsgesetz über den Versicherungsvertrag. München 1908.
—, Bemerkungen zum VVG von 1908 in LZ. 1910 S. 54ff.
Sieveking, Das deutsche Seeversicherungsrecht. Berlin 1912.
Staudinger, Kommentar zum Bürgerlichen Gesetzbuch und Einführungsgesetz. 9. Aufl. Mannheim, Berlin, Leipzig 1925.
Ulrich, Die Titanic-Katastrophe. Berlin 1912. Auch in Z. f. Vers. Wiss. 1912 S. 1042ff.
Vidal, Die Beurteilung des ursächlichen Zusammenhanges im Privatversicherungsrecht auf Grundlage des Begriffs der Tatsachengrundlage des Versicherungsverhältnisses. Diss. Hamburg 1927.
Wittmaack, Wann tritt der Totalverlust eines Schiffes ein, wenn es zugrunde gegangen ist, nachdem es von einem Kriegsschiff wegen Führung von Konterbande genommen worden ist? ZHR. 76, 336ff.
Wörner, Anzeigepflicht des Versicherten und Kündigungsrecht des Versicherers beim Versicherungsfall, Deutsche Versichertenzeitung 1905 S. 180ff.
Zehnter, Reichsgesetz über den Versicherungsvertrag. München 1908.

A. Der Versicherungsfall im gesamten Versicherungsrecht.

I. Einleitung.

Durch den Versicherungsvertrag verpflichtet sich der Versicherer, dem Versicherten[1]) zur Deckung eines eventuellen künftigen Bedarfs für einen bestimmten Ereignisfall oder Zeitpunkt eine geldliche oder geldeswerte Leistung zukommen zu lassen.[2]) Notwendiger Bestandteil eines jeden Versicherungsvertrages ist ein Moment der Unsicherheit. Ein Vertrag, bei dem von vornherein die Leistungen beider Parteien festständen, würde kein Versicherungsvertrag sein. In der Regel pflegt sich die Unsicherheit darin zu äußern, daß die geldliche oder geldeswerte Leistung des Versicherers ungewiß ist. Ungewiß kann sein, ob der Versicherer dem Versicherten überhaupt eine Leistung hat zukommen zu lassen, wann diese Leistung zu erfolgen hat und wie hoch sie sein wird. Ganz ausnahmsweise, bei der Termfixversicherung besteht über die Leistung des Versicherers keine Unsicherheit, ist vielmehr die Unsicherheit auf die Leistung des Versicherten übertragen, ist ungewiß, wie lange der Versicherte Prämien zu zahlen haben wird. Diese Ausnahme wird an anderem Orte noch zu behandeln sein.[3]) Es soll im folgenden nur vom Regelfall ausgegangen werden, davon, daß die Leistung des Versicherers ungewiß ist. Sie ist hier abhängig von dem Ereignis oder Zeitpunkt, für den der Versicherer dem Versicherten eine Leistung versprochen hat. Die Leistung des Versicherers ist, wie Framhein[4]) einleuchtend darlegt, bedingt durch das Eintreffen dieses Ereignisses oder Erleben dieses Zeitpunktes.[5]) Diese

---

[1]) Im Interesse einer einheitlichen Ausdrucksweise wird auf die im Rahmen dieser Arbeit nicht interessierenden Unterschiede zwischen Versichertem und Versicherungsnehmer nicht eingegangen werden, wird gemeinhin nur vom Versicherten, nicht vom Versicherungsnehmer die Rede sein.

[2]) Bruck S. 8, Hupka, ZHR. 66 S. 546ff.

[3]) Vergl. unten S. 22 f.

[4]) S. 54. Vergl. ferner auch Kisch Bd. II S. 9. Bruck S. 205, sowie die bei Framhein S. 55 zitierte Literatur.

[5]) Nur unter dem Einfluß eines Mißverständnisses wenden sich Kersting JW. 1927 S. 1668 und Gottschalk, Jur. Rundschau f. d. Priv. Vers. 1927 S. 267 gegen diese Ansicht. Sie führen aus, § 162 BGB. gelte nur für bedingte Rechtsgeschäfte. Der Versicherungsvertrag aber sei unbedingt. Ihnen ist zu erwidern: Nicht der Versicherungsvertrag, sondern das Zahlungsversprechen des Versicherers ist bedingt. Viele Verträge und insbesondere jeder Versicherungsvertrag enthalten eine Mehrzahl von Abmachungen, über die Willenseinigung herbeigeführt ist. Richtig ist, daß die in einem Vertrag zusammengeschlossenen Willenserklärungen grundsätzlich ein Ganzes darstellen (vgl. Staudinger, S. 587/88 und die dort zit. Entscheidungen). Diese Feststellung hat aber Bedeutung nur für die selbständige Existenzfähigkeit einzelner Teile eines Vertrages, für die Frage, ob ein Teil des Vertrages in Gültigkeit bleiben könne auch ohne einen andern — nichtigen — Teil, (§ 139 BGB.); sie hindert nicht, daß in einem Vertrage eine Reihe von Willenserklärungen

Bedingung für die Leistungspflicht des Versicherers wird in jüngerer Zeit von Gesetzessprache und Wissenschaft „Versicherungsfall" genannt.[1]) Gesetz und Vertrag verbinden mit diesem „Versicherungsfall" zahlreiche Bestimmungen, knüpfen an seinen Eintritt Folgen von weittragender Bedeutung. Die wichtige Stellung, die der Versicherungsfall im ganzen Versicherungsrecht, sowie in jedem einzelnen Versicherungsverhältnis einnimmt, erfordert Klarheit über seinen Begriff. Diese Klarheit kann aus dem Gesetz unmittelbar nicht gewonnen werden. Das VVG. hat bewußt auf eine Definition wie des Begriffs des Versicherungsvertrags auch des Versicherungsfalls verzichtet. Zahlreich sind dafür die Auseinandersetzungen der Literatur mit diesem Begriff[2]). Die Mehrzahl der Bearbeitungen dieses Themas berücksichtigt in ihren Ausführungen nicht sämtliche Versicherungszweige, beschränkt sich vielmehr bewußt und teilweise auch unbewußt auf Sach- oder Personenversicherung, greift auch aus diesen vielfach noch bestimmte Gebiete heraus. Eine derartig weitgehende Spezialisierung ist möglich und nicht unberechtigt, da die große Verschiedenheit der einzelnen Versicherungszweige den Versicherungsfall seinem Eintritt und äußeren Hergang nach, sowie in bezug auf seine tatsächlichen und rechtlichen Folgen weitgehendst differenziert, ja schon die Frage hat auftauchen lassen, ob der Begriff des Versicherungsfalls in der Sach- und in der Personenversicherung überhaupt der gleiche sei. Auch die vorliegende Arbeit hat sich zum Ziel gesetzt, die Eigentümlichkeiten zu beleuchten, denen der Versicherungsfall auf einem Spezialgebiet, dem

---

zusammengeschlossen, mehrere Rechtsgeschäfte enthalten sind. Jeder Versicherungsvertrag enthält nun neben anderen unbedingten Abreden, insbesondere dem unbedingten Versprechen des Versicherungsnehmers, die Prämien zu bezahlen, ein Versprechen des Versicherers, dem Versicherten für den Fall bestimmter Ereignisse Geld oder geldeswerte Leistungen zukommen zu lassen, mithin ein bedingtes Zahlungsversprechen. Allein für dies Zahlungsversprechen gilt und trifft zu, daß der Versicherungsfall aufschiebende Bedingung sei. Rechtswirkung seines — des Versicherungsfalls — Eintritts ist die Zahlungspflicht des Versicherers (vgl. Staudinger S. 650). Weder Framhein noch die anderen genannten Autoren sind der Ansicht, daß der Versicherungsvertrag als Ganzes in seiner Rechtswirksamkeit bedingt sei. Es ist unter diesen Umständen nicht erforderlich, weiter auf Einzelheiten der genannten Ausführungen, vor allem Kerstings, einzugehen, insbesondere auf den Vorhalt Kerstings, der Versicherungsfall sei eine rechtlich bedeutsame Tatsache, die von einem Rechtsgeschäft grundverschieden sei. Das ist eine Selbstverständlichkeit, die von niemand, insbesondere auch nicht von Framhein bestritten wird.

Es sei übrigens an diesem Ort darauf hingewiesen, daß der Wert der Framheinschen Ausführungen über die Herbeiführung des Versicherungsfalls selbst durch eine Ablehnung der Theorie, der Versicherungsfall sei Bedingung für die Zahlungspflicht des Versicherers, nicht beeinträchtigt würde. § 162 BGB. bringt einen schon die römische und mittelalterliche Jurisprudenz, wie auch das heutige deutsche bürgerliche Recht beherrschenden Gedanken zum Ausdruck, nämlich den Gedanken, daß niemand aus seinem eigenen Verschulden zum Nachteile eines andern Vorteile herleiten dürfte. (Vgl. Staudinger S. 671.) Die in § 162 BGB. ausgesprochene Rechtsauffassung ist im Wege der Rechtsanalogie auch in anderen Rechtsgebieten zur Anwendung zu bringen. (Vgl. Staudinger, a. a. O.) Es würde daher unbedenklich sein, die Herbeiführung des Versicherungsfalles als Herbeiführung der Bedingung im Sinne des § 162 BGB. zu behandeln, auch ohne den Versicherungsfall selbst als eine der im § 162 gedachten Bedingungen zu betrachten.

[1]) Über die Prägung des Wortes und frühere Bezeichnungen des gleichen Begriffs siehe unten S. 10.

[2]) Vgl. in jüngster Zeit Ehrenberg in Versicherung und Geldwirtschaft 1927 S. 169ff. Im übrigen statt vieler Peef S. 42 und die dort zit. Literatur.

Seeversicherungsrecht, unterworfen ist. Doch soll vor einem Eingehen auf diese Eigentümlichkeiten geprüft werden, welche Stellung der Versicherungsfall in dem die Seeversicherung umfassenden Gebiet der Sachversicherung sowie im ganzen Versicherungsrecht einnimmt.

Vorausgeschickt sei eine kurze Bemerkung über die Prägung des Wortes „Versicherungsfall". Frühere Rechte und Bedingungen kannten es nicht. Das VVG. hat zuerst das Wort aufgenommen. Ihm folgten die allgemeinen Versicherungsbedingungen einer Reihe von Versicherern, darunter auch der dem VVG. nicht unterworfenen Seeversicherer. Auch die unter dem Einfluß des deutschen VVG. entstandenen Gesetze, das österreichische und das Schweizer VVG. haben den Begriff „Versicherungsfall", die Schweiz freilich nach einer Umbenennung in „Befürchtetes Ereignis" übernommen.

Kenntnis der Terminologie früherer Rechte könnte zur Deutung des im VVG. durch das Wort „Versicherungsfall" gedeckten Begriffs beitragen. Früheren Rechten war indessen nicht nur Wort, sondern auch Begriff „Versicherungsfall" unbekannt. Der gleiche Begriff ist nicht etwa mit anderen Worten umschrieben, es war vielmehr noch nichts ihm Gleichendes bekannt, was übrigens nicht heißt, daß der Begriff nicht existiert, es einen Versicherungsfall früher nicht gegeben hätte. Obwohl also Umschreibungen des Begriffs „Versicherungsfall" früher nicht vorhanden waren, sei immerhin angegeben, daß das heute geltende HGB. in dem die Seeversicherung regelnden Abschnitt[1]) in Anlehnung an die bis dahin übliche Terminologie von zu ersetzenden Schäden und von Unfällen spricht, für die der Versicherer haftet in Fällen, in denen die Parallelbestimmungen des VVG. oder der ADS. von 1919 von Versicherungsfällen sprechen.

Bei Untersuchung der Stellung des Versicherungsfalles im ganzen Versicherungsrecht ist unumgänglich eine Auseinandersetzung mit der Frage, ob das in allen Versicherungszweigen einheitlich gebrauchte Wort Versicherungsfall stets den gleichen Begriff deckt, oder ob die Unterscheidungen der einzelnen Zweige so beträchtlich sind, daß der Begriff des Versicherungsfalles in ihnen nicht als der gleiche angesehen werden kann. Hier sind zwei Wege möglich. Es kann aus den Bestimmungen für die einzelnen Versicherungszweige der für diese Zweige geltende Begriff herausgeschält und dann geprüft werden, inwieweit sich die für die einzelnen Zweige geltenden Begriffe in Einklang bringen lassen, oder es kann versucht werden, von vornherein unter Berücksichtigung des ganzen Versicherungsrechtes eine Fassung zu finden, die mit keiner Spezialbestimmung in Widerspruch steht und die doch die Essentialia des Versicherungsfalles für jeden einzelnen Zweig enthält. Sollte es auf dem ersten Weg nicht möglich sein, die für die einzelnen Zweige gefundenen Definitionen in Einklang zu bringen oder sollte es auf dem zweiten Weg mißlingen, eine Formulierung zu finden, die für das ganze Versicherungsrecht zutreffend ist, so würde das ein Beweis dafür sein, daß es einen einheitlichen Begriff „Versicherungsfall" nicht gäbe, daß vielmehr der Begriff für jeden Zweig gesondert, gefunden werden müsse.

Das Thema der Arbeit, die auf ein Spezialgebiet beschränkt ist, verlockt, den ersten Weg einzuschlagen, also einen Begriff des Versicherungsfalles

[1]) IV, 10.

allein aus einer Untersuchung des Seeversicherungsrechtes abzuleiten und dann zu versuchen, ob sich der gefundene Begriff, auf seine wesentlichen Merkmale beschränkt, in die übrigen Versicherungszweige einfügen lasse. Es erscheint indessen richtiger, auf die andere Weise vorzugehen, um nicht einem häufigen Fehler zu erliegen, dem selbst Größen wie Kisch und Ritter, verfallen sind, nämlich dem Fehler, Merkmale des Versicherungsfalles in einem Versicherungszweig als allgemeingültig für das ganze Versicherungsrecht oder auch nur als Essentialia für den in erster Linie bedachten Versicherungszweig anzusehen.

II. Die Begriffe „Versicherungsfall" und „Gefahr".

Das VVG. selbst enthält, wie bereits angegeben, keine Definition des Begriffs „Versicherungsfall". Auch die Begründung dieses Gesetzes verzichtet — wohl in der Annahme, der Begriff ergebe sich unzweideutig aus seiner Prägung — auf ausführliche Erklärungen, beschränkt sich vielmehr auf die kurze Definition[1]), der Versicherungsfall sei dasjenige Ereignis, mit dessen Eintritt die Leistungspflicht des Versicherers begründet sei.

Würde diese Definition ausreichend und richtig sein, so könnte sie als für sämtliche Versicherungszweige zutreffend, der Begriff Versicherungsfall damit ebenfalls für alle Zweige als einheitlich angesehen werden. Sie ist aber weder ausreichend noch richtig. In der Literatur ist sie nur dort unangefochten geblieben, wo das Thema überhaupt nicht berührt wurde, so bei Josef[2]), Lindner-Fell[3]) und Zehnter[4]), die ohne Kritik oder weiteren Zusatz die Definition der Begründung abschreiben. Sämtliche Wissenschaftler, die das Problem des Versicherungsfalles erkannt und bearbeitet haben, lehnen die Definition der Begründung ab.

Zunächst hat Gerhard-Hagen[5]) unter Beschränkung übrigens seiner Ausführungen auf die Sachversicherung unter besonderer Erwähnung später der Haftpflichtversicherung doch völlig ohne Berücksichtigung der Personenversicherung eingewandt, die Definition der Begründung zum VVG. sei zu eng und nur richtig, wenn die Leistungspflicht des Versicherers lediglich in der Schadensersatzpflicht bestände. Da nun aber noch andere Leistungen des Versicherers vorgesehen seien, sei der Versicherungsfall zu bestimmen, als dasjenige Ereignis, bei dessen Eintritt die Hauptleistungspflicht des Versicherers begründet werde. Bei den meisten Arten der Schadensversicherung sei es der Schaden, der eine versicherte Sache treffe, für den die Hauptleistung des Versicherers zu gewähren sei.

Der Einwand ist nicht unrichtig. Trotzdem, wäre er das einzige, was gegen die Definition der Begründung anzuführen wäre, so läge kein Grund vor, diese Definition anzugreifen. Ritter[6]), wie stets in erster Linie den praktischen Erfolg bedenkend, entgegnet mit Recht auf die Wortfechterei Gerhard's, es sei unwesentlich, ob man davon spreche, daß Leistungspflicht oder Hauptleistungspflicht des Versicherers begründet werde. Selbstver-

[1]) S. 12. [2]) S. 11. [3]) S. 14.
[4]) S. 2. [5]) S. 13. [6]) S. 222.

ständlich sei, daß es sich um die Hauptleistungspflicht, die Zahlung der Versicherungssumme, handele.

Von größerer Bedeutung sind die Erwägungen Molts[1]), der anführt, die Definition sei insofern schon ungenau, als gewisse Nebenverpflichtungen des Versicherers bereits vor Eintritt des Versicherungsfalles beständen, andererseits der Versicherungsfall auch Verpflichtungen des Versicherungsnehmers auslöse. Entscheidend sei, daß das Versicherungsverhältnis in ein neues Stadium eintrete, das Liquidationsstadium. Versicherungsfall könne daher in dieser Beziehung als Liquidationstatsache bezeichnet werden. Versicherungsfall sei aber nicht nur Liquidationstatsache, sondern zugleich das befürchtete Ereignis, gegen das der Versicherungsnehmer Schutz suche, die Gefahrtatsache, Schadensursache.

Wert und Richtigkeit dieser Ausführungen sollen nicht bestritten werden. Indessen genügen auch sie noch nicht. Völlig klar hat allein Ritter[2]) erkannt, wie unzureichend, ja unzutreffend die Definition der Begründung zum VVG. ist. In Anlehnung an ihn ist daher am besten der Nachweis zu führen, daß die Definition ungenügend und sogar falsch sei.

In allen Fällen, in denen das VVG. trotz Eintritts des Versicherungsfalls Leistungsfreiheit des Versicherers vorsieht (d. i. in den §§ 2, II, 6, 25 I, 28 I, 32 S. 2, 33, 38, 39, 61, 71, 79 II, 114)[3]) würde die Definition der Begründung nur richtig sein, wenn sie wie folgt verstanden oder erweitert würde: Der Versicherungsfall ist das Ereignis, mit dessen Eintritt die Leistungspflicht des Versicherers an und für sich begründet ist, nämlich begründet sein würde, wenn der Versicherer nicht aus besonderen, eben in diesen Bestimmungen genannten Gründen (so z. B. wegen Gefahrerhöhung oder Herbeiführung des Ereignisses durch den Versicherungsnehmer) von der durch das Ereignis begründeten Leistungspflicht frei wäre.

Auch für § 62 ist die Definition der Begründung unzutreffend oder erweiterungsbedürftig. Soll in der Sachversicherung die Leistungspflicht des Versicherers begründet sein, so muß bereits Schaden entstanden sein. Soll also der Versicherungsfall das Ereignis sein, mit dessen Eintritt die Leistungspflicht des Versicherers begründet ist, dann muß bei seinem Eintritt bereits Schaden entstanden sein. Abwendung von Schaden, wie § 62 sie vom Versicherten verlangt, ist aber nur möglich, bei drohendem, nicht bei bereits entstandenem Schaden. Die Schadensabwendungsvorschrift des § 62 würde insofern bei Festhalten an der Definition der Begründung und wörtlicher Auslegung des Paragraphen sinnlos sein. Zur Beseitigung dieser Sinnlosigkeit ist zum Teil verständige Würdigung des Einzelfalles durch den Richter empfohlen[4]), sind im übrigen verschiedene, teils gewagte, teils zweckmäßige Auslegungen dieser Bestimmung versucht worden[5]).

---

[1]) S. 35.

[2]) Vgl. die Ausführungen S. 222ff. u. LZ. 1914 S. 355ff.

[3]) Die römischen Ziffern bedeuten ebenso wie unten S. 21 in Paragraphen, in denen das Wort Versicherungsfall mehrfach vorkommt, daß das erste oder zweite Mal, wo es vorkommt, gemeint ist; es soll nicht auf die Absätze der betr. Paragraphen verwiesen werden.

[4]) Schneider, LZ. 1910 S. 56.

[5]) Gerhard, S. 295; Josef, Z. f. V. Wiss. Bd. 11 S. 129; Ritter, S. 223 und 552, ferner LZ. 1914 S. 356ff.

Der Versuch einer sinnlos scheinenden Vorschrift, durch vernünftige Auslegung einen praktischen Sinn zu geben, ist berechtigt und notwendig in Fällen, wo diese Vorschrift tatsächlich sinnlos ist, unberechtigt, wenn ihr Inhalt schon ohne Interpretation klar ist. Die Vorschrift des § 62 ist klar, wenn unter dem Begriff „Versicherungsfall" nicht ein Ereignis verstanden wird, das bereits Schaden gestiftet hat, sondern ein Ereignis, das Schaden zu stiften unmittelbar droht oder das geeignet ist, Schaden zu stiften. Läßt sich unter Berücksichtigung der übrigen Vorschriften des Versicherungsrechts eine entsprechende Definition finden, kann daher auf jegliche Auslegung des § 62 verzichtet werden.

Ebensowenig wie auf § 62 ist die Definition der Begründung anwendbar auf § 1, dessen erster Satz nach ihrer Einfügung lauten würde:

> „Bei der Schadensversicherung ist der Versicherer verpflichtet, nach dem Eintritt des Ereignisses, mit dessen Eintritt seine Leistungspflicht begründet wird, dem Versicherungsnehmer den dadurch verursachten Schaden nach Maßgabe des Vertrages zu ersetzen."

Also m. a. W. aus Begründung und Gesetz würde sich ergeben einerseits:

> Der Versicherungsfall ist das Ereignis, das die Leistungspflicht des Versicherers begründet,

andererseits:

> Die Leistungspflicht des Versicherers wird begründet durch Eintritt des Versicherungsfalles

oder zusammengefaßt:

> Die Leistungspflicht des Versicherers wird begründet durch Eintritt des Ereignisses, das seine Leistungspflicht begründet.

Dem Richter, der entscheiden soll, ob die Leistungspflicht des Versicherers begründet ist, können solche Definitionen nicht helfen. In § 1, der an seinen Eintritt bestimmte Rechtsfolgen knüpft, und ebenso in einer Reihe von anderen Bestimmungen, in denen von Folgen tatsächlicher Art des Versicherungsfalles die Rede ist (so in den §§ 53, 89, 95, 112, 119, 144) kann unter Versicherungsfall nicht das Ereignis verstanden werden, das die Leistungspflicht des Versicherers begründet, sondern nur ein bestimmtes tatsächliches Ereignis. Erst wenn dies Ereignis Schaden stiftet — die genannten Vorschriften entstammen sämtlich dem Gebiet der Sachversicherung — wird die Leistungspflicht des Versicherers begründet.

Aus dem Gesagten ergibt sich der bisher in der Literatur im allgemeinen und selbst von Ritter nicht mit der nötigen Schärfe gerügte, von Ehrenberg[1]) freilich schon erkannte, aber als scheinbar unabänderlich hingenommene Kardinalfehler der Definition der Begründung. Es ist unmöglich, ein Ereignis durch seine Folgen zu definieren. Die Folgen tatsächlicher Art des Ereignisses, die Entstehung von Schaden in der Sachversicherung und die Begründung der Leistungsplicht des Versicherers in allen Versicherungszweigen können erst in Betracht gezogen werden, wenn über ihre Ursache, das Ereignis selbst, Klarheit herrscht. Der Versuch einer Begriffsbestimmung dieses Ereignisses durch seine Folgen, die laut Gesetz und Vertrag ihrerseits wieder von diesem Ereignis abhängig sind, führt zu einem Kreis-

---

[1]) Versicherung und Geldwirtschaft, 1927, S. 170.

lauf. Die gewünschte Klarheit über das Ereignis ist aus dem Gesetz schwer zu gewinnen. Die Form des Gesetzes, das ja selbst keine Definition des Begriffes gibt, auch nur wenige Bestimmungen enthält, die Schlüsse über sein Wesen zulassen, sich vielmehr in erster Linie mit seinen Folgen beschäftigt, mag das Ergebnis der bisherigen Untersuchungen erklärlich erscheinen lassen.

Können positive Vorschriften nicht helfen, sind direkte Schlüsse über die Gestalt des Versicherungsfalles aus dem Gesetze nicht zu ziehen, so gilt es, durch Auslegung des Wortes unter Berücksichtigung des im VVG. niedergelegten Versicherungsrechts den gesuchten Begriff zu finden.

Der Versicherungsfall ist seinem Wortlaut nach der Fall, für den die Versicherung genommen ist, nach Kisch[1]) und Framhein[2]) die Bedingung, von der die Leistung des Versicherers abhängig ist. Für welchen Fall wird nun vom Versicherungsnehmer eine Versicherung genommen? Unter was für Bedingungen verspricht der Versicherer dem Versicherten eine geldeswerte Leistung?

Die Erfahrung des Lebens lehrt, daß der Einzelne in seinem Leben und seiner wirtschaftlichen Existenz ständig auf vielerlei Weise bedroht und wirtschaftlichen Schäden ausgesetzt ist. Er muß jederzeit damit rechnen, daß seine Wohnung abbrennt, daß ihm Sachen gestohlen werden, daß er Forderungsausfälle infolge Zahlungsunfähigkeit seiner Schuldner erlebt, daß er sich irgendwie haftpflichtig macht, daß er zu heiraten beabsichtigt, ohne den zur Begründung des ehelichen Lebens nötigen Aufwand leisten zu können, daß er im Alter erwerbsunfähig und vermögenslos ist, daß er frühzeitig stirbt und ihm nahestehende Menschen unversorgt hinterläßt u. a. m. Jeder Bedrohte hat das Bedürfnis, vor den ihm drohenden Möglichkeiten geschützt zu sein. Diesem Bedürfnis trägt die Versicherung Rechnung. Sie kann freilich nicht hindern, daß die drohenden Möglichkeiten Wirklichkeit werden, kann nicht Feuersbrände und Diebstähle verhindern, den Tod abwenden, aber sie kann den Betroffenen vor den wirtschaftlichen nachteiligen Folgen dieser Ereignisse bewahren. Der Bedrohte schließt die Versicherung, um vor den nachteiligen Folgen dieser Ereignisse bewahrt zu werden, läßt sich die Versicherungsleistung versprechen für den Fall, daß ein solches Ereignis eintritt. Dies Ereignis ist der Fall, für den die Versicherung genommen ist, die Bedingung, von der die geldeswerte Leistung des Versicherers abhängig ist, in der Sprache des Gesetzes der Versicherungsfall.

Werden die vielfachen Möglichkeiten, die den Versicherten bedrohen, mit der im Versicherungsrecht üblichen Bezeichnung „Gefahren" genannt, so ist der Versicherungsfall die Verwirklichung dieser Gefahr; mit ihm wird die Gefahr zum tatsächlichen Ereignis; er ist Gefahrereignis.

Verwendung des Wortes „Gefahr" setzt voraus, Klarheit über seinen Begriff. Das von Gesetz und Wissenschaft, in Theorie und Praxis unendlich häufig gebrauchte Wort deckt nicht einen streng umrissenen Begriff, wird bisweilen in mehrfach abgewandelter Bedeutung gebraucht.

Im vorangehenden Absatz war das Wort „Gefahr" gebraucht als Umschreibung für die vielfachen Möglichkeiten, die den Versicherten bedrohen

[1]) Bd. II S. 9. [2]) S. 54.

und um derentwillen er den Versicherungsschutz sucht. Ähnlich lauten auch andere Definitionen. Ritter[1]) formuliert, vorzüglich in der Prägnanz doch zu eng und nur mit Gültigkeit für die Sachversicherung, Gefahr sei die Möglichkeit der Entstehung von Schaden. Instruktiv am besten sind die geistvollen Ausführungen von Kisch[2]). Der folgende Abschnitt wird sich in mancher Hinsicht an diese Ausführungen anlehnen, wenn auch Kisch nicht in allen Punkten gefolgt werden kann.

Kisch beginnt, sichtlich unter dem Einfluß der Definition des Versicherungsfalles in der Begründung zum VVG., Gefahr sei die Möglichkeit des Eintritts des Ereignisses, an das die Leistungspflicht des Versicherers geknüpft sei. Kürzer gefaßt heißt das, Gefahr ist die Möglichkeit des Eintritts des Versicherungsfalles. Das ist richtig, wie übrigens auch ein Vergleich des deutschen und Schweizer VVG. zeigt. Das Schweizer VVG. hat in Art. 9 die in der deutschen Parallelvorschrift § 2 vorkommende „Möglichkeit des Eintritts des Versicherungsfalles“ übersetzt „mit Gefahr,“ hat statt der Definition den Begriff selbst gegeben. Aber diese Feststellung kann hier nicht helfen. Die vorliegende Arbeit sucht als Ergebnis den Versicherungsfall. Sie kann ihn nicht bei Behandlung der Gefahr an die Spitze setzen, um ihn am Schluß als Verwirklichung der Gefahr wiederzufinden, wie Kisch dies tut, ohne im Kreise zu verlaufen.

Es wird daher zurückzukommen sein auf die Feststellung, Gefahr sei die Möglichkeit des Eintritts von Ereignissen, gegen die der Versicherte Schutz suche, und um deren wirtschaftlich belastender Folgen willen er die Versicherung nehme. Gefahr in diesem Sinne beruht allein in der Vorstellung des sie so Bezeichnenden, ist kein konkreter Zustand, sondern eine gedachte aus einem konkreten Zustand sich ergebende als möglich erwartete oder befürchtete Folge.

Das Wort Gefahr wird dann nach Kisch auch in engerem Sinne gebraucht. An Stelle der theoretischen Möglichkeit, die sich aus einem konkreten Zustand ergebe, werde der konkrete Zustand selbst als Gefahr bezeichnet. Gefahr in diesem Sinne würden die Gefahrumstände sein, die aus der theoretischen subjektiven Möglichkeit des Eintritts der befürchteten Ereignisse heraus die objektive Wahrscheinlichkeit ihres Eintritts beeinflussen, „perils” im Gegensatz zu „risque“. Große Dürre beeinträchtigt die Sicherheit vor Brandfällen, eine Epidemie, die Sicherheit vor Todesfällen; beide sind Gefahren in diesem Sinne.

Kisch ist zuzugeben, daß der Sprachgebrauch das Wort „Gefahr“ bisweilen in diesem Sinne gebraucht. Ihm ist zu entgegnen, daß eine Notwendigkeit oder nur ein Bedürfnis, es in diesem Sinne zu verwenden, nicht besteht. Das Wort „Gefahrumstand“, das doch zur Erklärung der Gefahr in diesem Sinne herangezogen werden muß, ist so klar, daß es zur Bezeichnung des gedachten Begriffs genügt, und daß die Verwendung des Wortes „Gefahr“ für den gleichen Begriff nur dazu dienen kann, Unklarheit zu schaffen. Der Jurist sollte daher an dieser im Sprachgebrauch vorkommenden Wendung des Wortes „Gefahr“ nicht teilnehmen.

Wort und Begriff „Gefahr“ sollen dann noch weiter konzentriert werden auf ein bestimmtes Ereignis. Die Gefahr habe sich verwirklicht. Gefahr in

[1]) S. 212 in Z. f. V. Wiss. 14, 28ff.
[2]) Bd. II S. 1ff.

diesem Sinne werde Gefahrenereignis oder Gefahrtatsache genannt. Auch hier kann Kisch nicht völlig zugestimmt werden. Das Gefahrereignis ist nicht mehr Gefahr. Mit der Verwirklichung hat die Gefahr aufgehört Gefahr zu sein[1]). Die ihr notwendig innewohnende Unsicherheit ist Sicherheit geworden, die Möglichkeit Tatsache. Abzulehnen ist also die Verwendung des Wortes „Gefahr" auch in diesem Sinne, nicht übrigens des Wortes „Gefahrereignis." Insofern ist Kisch vielmehr beizupflichten: das mit der Verwirklichung der Gefahr eintretende Gefahrereignis ist der Fall, für den die Versicherung genommen ist, das als möglich erwartete oder befürchtete Ereignis, der Versicherungsfall oder das befürchtete Ereignis, wie das Schweizer VVG. plastisch formuliert.

Der Versicherungsfall ist also Gefahrereignis, Verwirklichung der Gefahr. Die theoretische Möglichkeit ist praktische Wirklichkeit geworden, ein Gefahrumstand hat von der Wahrscheinlichkeit des Eintritts zum tatsächlichen Eintritt geführt.

Scharf zu scheiden von der bisher behandelten Gefahr ist eine andere. Die bisher erwähnte Gefahr betraf den Versicherten. Er fürchtete den Eintritt des bestimmten Ereignisses, sein Vermögen wurde durch die Gefahrumstände „gefährdet", bei ihm trat der Versicherungsfall ein, kurz er war der Gefahrbedrohte. Neben diesen Gefahren gibt es auch eine Gefahr für den Versicherer. Als die Leistung des Versicherers wird mit Recht bezeichnet[2]), daß er die Gefahr trage. Diese Gefahr ist nicht identisch mit der dem Versicherten drohenden Gefahr. Der Versicherer nimmt nicht etwa dem Versicherten die ihm drohende Gefahr ab. Der Versicherer trägt vielmehr die völlig selbständige, nicht mit der anderen zusammenhängende Gefahr, daß er die Versicherungssumme zahlen muß. Der Versicherungsfall ist nicht die Verwirklichung dieser Gefahr, wie Framhein[3]) verstanden werden könnte, denn sie verwirklicht sich erst, der Versicherer braucht die Versicherungssumme erst zu zahlen, nachdem der Versicherungsfall bereits eingetreten ist. Der Versicherungsfall ist vielmehr das Ereignis, in dem sich die dem Versicherten drohende Gefahr verwirklicht.

Der Versicherungsfall als Verwirklichung der Gefahr ist rein historisches Ereignis. Als tatsächliches Ereignis zieht der Versicherungsfall, wie jedes Geschehen Folgen tatsächlicher Art nach sich. Sie entwickeln sich selbsttätig, sind zu beurteilen nach allgemeinen Kausalitätsgrundsätzen. Tatsächliche Folge des Blitzschlags ist das Niederbrennen des Hauses; tatsächliche Folge eines Seeunfalles der Verlust eines Schiffes. Diese Folgen kann das Gesetz nicht festlegen. Es kann nur bestimmen, was zu geschehen hat, wenn sie eingetreten sind. Das Gesetz tut aber noch mehr. Es knüpft selbst Folgen unmittelbar an den Eintritt des Versicherungsfalles. Diese vom Gesetz vorgesehenen Folgen sind keine tatsächlichen, sind Rechtsfolgen. Der Versicherungsfall ist, obwohl bestimmtes, seinem äußeren Hergang nach genau festlegbares Ereignis, mehr als ein rein tatsächliches Ereignis. Man könnte ihn bezeichnen als objektives Gegenstück zu dem subjektbeherrschten Begriff „Rechtshandlung". Er ist ein Ereignis, an das Rechtsfolgen geknüpft sind, ein „Rechtsereignis".

---

[1]) Ähnl. Framhein S. 22/23. [2]) Bruck, S. 14. [3]) S. 26.

Dies Ereignis ist in allen Versicherungszweigen das gleiche. Als grundlegender Unterschied des Versicherungsfalls in der Personenversicherung und in der Sachversicherung könnte hervorgehoben werden, der Versicherungsfall in der Sachversicherung stifte Schaden und rufe beim Versicherten einen Bedarf hervor, der Versicherungsfall in der Personenversicherung habe keine derartige Funktion. Diese Ansicht würde nicht richtig sein. Der Unterschied ist nicht grundlegend, da diese Verschiedenheit des Versicherungsfalles in beiden Zweigen, soweit sie überhaupt besteht, nur seine Folgen betrifft und da diese Folgen nicht geeignet sind, sein Wesen zu bestimmen, vielmehr trotz verschiedener Folgen das Wesen unverändert sein kann. Im übrigen wird noch a. a. O. bei der Sachversicherung[1]) nachzuweisen sein, daß auch in der Sachversicherung die Schadenstiftung nicht einmal eine notwendige, als Essentiale zum Versicherungsfall gehörende, sondern nur eine im Regelfall eintretende Folge des Versicherungsfalles ist.

Ein grundlegender Unterschied zwischen Versicherungsfall in der Sach- und Personenversicherung besteht nicht. Er ist in allen Versicherungszweigen ein Ereignis, dessen Eintritt von den Parteien als möglich angesehen wird und von dem ungewiß ist, entweder, ob es überhaupt eintritt, oder wann es eintritt, und zwar ist es das Ereignis, für dessen Eintritt der Versicherte die Versicherungsleistung wünscht oder gegen dessen schädliche Folgen er durch die Versicherung Schutz gesucht hat, also kurz das Ereignis der Gefahrverwirklichung.

Die Differenzierungen, denen der Versicherungsfall in den einzelnen Zweigen unterworfen ist, lassen sein Wesen und seinen Begriff unberührt. Schwankungen unterliegt allein — entsprechend der jeweiligen Gefahrsart, deren eine Reihe oben[2]) beispielsweise aufgeführt wurde — die äußere Form des Hergangs des Versicherungsfalles, sowie seine tatsächlichen und — mit Rücksicht auf die jeweiligen Interessenlagen — einige der Rechtsfolgen.

Sind Wesen und Begriff des Versicherungsfalles in allen Versicherungszweigen grundsätzlich gleich, so erscheint es zweckmäßig, zunächst die Züge aufzuzählen, die für den Versicherungsfall und seine Folgen in sämtlichen Versicherungszweigen zutreffend sind. Eine Untersuchung von Spezialgebieten darf dann darauf verzichten, sich mit Wesen und Begriff oder den allen Zweigen gemeinsamen Zügen nochmals auseinanderzusetzen, kann und muß sich vielmehr darauf beschränken, die Besonderheiten des äußeren Hergangs, sowie der Folgen des Versicherungsfalls darzulegen. Es sei aber nochmals nachdrücklich darauf hingewiesen, daß die mit dem Versicherungsfall in einem Atem genannten Folgen nicht etwa Bestandteile des Begriffes sein sollen, die gedacht sind, ihn zu charakterisieren. Die Einbeziehung der tatsächlichen Folgen in die Untersuchung, die ja streng genommen ebensowenig wie eine Untersuchung der Rechtsfolgen noch zum Thema gehört, ist unumgänglich, um eine klare Trennungslinie zwischen dem Versicherungsfall selbst und diese Folgen zu legen, die leider oft zu vermissen ist. Die Rechtsfolgen des Versicherungsfalles werden zu behandeln

---

[1]) S. unten S. 26ff. [2]) S. S. 14.

sein in Auseinandersetzung mit den bisherigen Bearbeitungen, die sie zur Begriffsbestimmung des Versicherungsfalles benutzten. Ein Hinweis auf sie scheint auch um deswillen angebracht, weil sie es sind, denen der Versicherungsfall seine wichtige Stellung in jedem einzelnen Versicherungsverhältnis verdankt.

III. Das Gefahrereignis und seine Folgen.

Es erscheint nicht möglich, über den äußeren Hergang des Versicherungsfalles und seine tatsächlichen Folgen hier im allgemeinen Teil wesentliche Ausführungen zu machen, da dieser äußere Hergang, wie bereits angegeben, völlig von der im einzelnen Versicherungsverhältnis in die Haftung des Versicherers gestellten Gefahr abhängig ist, und da wiederum die tatsächlichen Folgen von diesem äußeren Hergang abhängig sind. Nur auf einen Punkt sei hier hingewiesen. Als Verwirklichung der dem Versicherten drohenden Gefahr ist der Versicherungsfall tatsächliches historisches Ereignis. Der Eintritt dieses Ereignisses läßt sich stets auf einen bestimmten Augenblick festlegen. Die Frage ist praktisch geworden in Fällen, aus dem Gebiet der Sachversicherung, in denen die Gefahrauslösung kurz vor Beginn der Versicherung erfolgte, der Schaden ganz oder zum größten Teil erst nach deren Beginn entstand, oder umgekehrt, das Gefahrereignis noch eben vor Ende der Versicherung eintrat, Schaden erst nachher. Der Versicherungsfall ist in diesen Fällen wie stets in dem Augenblick eingetreten, wo die Gefahr sich tatsächlich verwirklicht hat, d. i. in dem Augenblick, in dem die gefährlichen Momente das Übergewicht erlangten über die gefahrhindernden. Wann dies geschehen ist, ist reine Beweisfrage. Nach den üblichen Kausalitätsgrundsätzen, also nach dem Prinzip der adaequaten Verursachung, das auch für das Versicherungsrecht Geltung beanspruchen kann[1]), ist zu entscheiden, welches beim Zusammentreffen von mehreren Momenten den Ausschlag geben mußte oder gegeben hat. Dies Ereignis ist unteilbar und auf den Zeitpunkt seines Eintritts kommt es an. Lief zur Zeit seines Eintritts die Versicherung, so wurden durch es auch die an den Eintritt des Versicherungsfalles geknüpften Rechtsfolgen ausgelöst ohne Rücksicht darauf, wann etwaige tatsächliche Folgen dieses Ereignisses eintraten.

Im Gegensatz zum vorigen Absatz lassen sich für die Rechtsfolgen des Versicherungsfalles einige allen Versicherungszweigen gemeinsame Grundzüge finden.

Es scheint, daß hier endlich die Definition der Begründung zu ihrem Recht komme. Ihr folgend würde also als die Folge oder als erste und wichtigste Folge des Versicherungsfalles anzusehen sein, daß die Leistungspflicht des Versicherers begründet wird. Die Formulierung erscheint indessen auch an diesem Ort nicht als glücklich. Sie drängt den Gedanken auf, der Versicherer habe vor Eintritt des Versicherungsfalles nichts zu

---

[1]) Vidal, S. 1ff.

leisten. Dieser Gedanke würde unrichtig sein. Der Versicherer muß von Beginn der Versicherung an bis zu ihrem Ende bzw. bis zum Eintritt des Versicherungsfalles bereit sein, die Versicherungssumme zu bezahlen. Er, nicht der Versicherte, der unter Versicherungsschutz steht, muß damit rechnen, bei Eintritt des Versicherungsfalles die Versicherungssumme zu verlieren, muß seine wirtschaftlichen Berechnungen und Maßnahmen entsprechend einrichten. Kurz, er trägt die Gefahr, zahlen zu müssen. Dieser Erwägung wird weder Gerhard-Hagen[1]) gerecht noch Ritter[2]), der sich allein gegen die Wortfechterei Gerhards wendet, im übrigen aber unbesehen das gleiche Ergebnis annimmt. Konstruktiv richtiger, wenn auch im Ergebnis nicht abweichend, erscheint die Formulierung, durch den Versicherungsfall werde die Gefahrtragungspflicht des Versicherers konkretisiert, in der Sachversicherung zur Pflicht, einen etwa eingetretenen Schaden nach Maßgabe des Vertrages zu ersetzen, in der Personenversicherung zur Pflicht, die versprochene Leistung zu gewähren. Der Verwirklichung der dem Versicherten drohenden Gefahr entspricht diese Verwirklichung der vom Versicherer zu tragenden Gefahr, diese Konkretisierung seiner Leistungspflicht.

Indessen kann es überhaupt nicht als glücklich angesehen werden, bei Untersuchung der Folgen des Versicherungsfalles diese seine eine Funktion herauszugreifen, sie als die allein wesentliche hinzustellen. Gewiß, es ist unendlich wichtig, festzustellen, wann der Versicherer zahlen muß. Trotzdem darf eine Untersuchung der Folgen des Versicherungsfalles nicht bei der Feststellung stehen bleiben, der Versicherungsfall begründe oder konkretisiere die Leistungspflicht des Versicherers. Sie hat vielmehr alle Folgen des Versicherungsfalles zu prüfen und kommt hierbei zu dem Ergebnis, daß diese Begründung oder Konkretisierung der Leistungspflicht des Versicherers Teil einer sehr viel umfassenderen Rechtsfolge des Versicherungsfalles ist. Bis zum Eintritt des Versicherungsfalles ist das ganze Versicherungsverhältnis gleichsam ruhend. Der Versicherte hat zwar Prämien zu bezahlen und darf die Gefahr nicht erhöhen, hat unter Umständen auch noch weitere Obliegenheiten zu erfüllen, spürt aber im Ganzen doch wenig von dem Versicherungsverhältnis, das still fortläuft und sich oft sogar nach Ablauf der jeweiligen Versicherungsperiode automatisch verlängert. Das wird mit einem Schlag anders, wenn der Versicherungsfall eintritt. Zunächst wird also die Leistungspflicht des Versicherers begründet oder konkretisiert. Doch ist das nicht alles. Es wird ausgeführt[3]), der Versicherungsfall gebe dem Versicherten nicht nur diesen Anspruch, er lege ihm auch Pflichten auf, z. B. die Pflicht, den Versicherungsfall anzuzeigen, Auskunft zu erteilen, Schaden abzuwenden und zu mindern, tunlichst die Weisungen des Versicherers einzuholen, und zu befolgen. Das ist, zum mindesten ohne nähere Begründung oder Erklärung nicht unbedingt richtig. Es handelt sich hier nicht um Pflichten im Rechtssinn. Die genannten Verpflichtungen sind Obliegenheiten, die nur eine Voraussetzung der Zahlungspflicht des Versicherers bilden. Der Versicherer hat gar kein Interesse daran, die Erfüllung dieser Obliegenheiten zu erzwingen, also selbst die Voraus-

[1]) S. 13. [2]) S. 222. [3]) Molt, S. 35.

setzung seiner Zahlungspflicht zu schaffen, hat daher auch nicht die Möglichkeit hierzu, kann vielmehr nur bei Nichterfüllung von Obliegenheiten die Zahlung der Versicherungssumme trotz Eintritts des Versicherungsfalles verweigern. Trotzdem ist die genannte Ansicht nicht ganz unrichtig. Auch die Obliegenheiten enthalten genau so gut wie Rechtspflichten ein „Du sollst", und dieser vom eigenen Interesse des Versicherten ausgeübte Druck hat im Ergebnis die gleiche Wirkung, wie der von andern zu Liebe zu erfüllenden Verbindlichkeiten. Der Versicherte muß also, wird also bei Eintritt des Versicherungsfalles etwas tun, seine Obliegenheiten erfüllen; der Schaden wird liquidiert. Aber nicht nur der Schaden, das ganze Versicherungsverhältnis kann und wird auch oft liquidiert werden. Der Versicherer kann vielfach nach Eintritt des Versicherungsfalles für die künftig noch laufende Zeit kündigen. Nicht nur durch Kündigung kann das Versicherungsverhältnis nach Eintritt des Versicherungsfalles beendigt werden. Abandon des Versicherers in der Transportversicherung oder Totalschaden mit nachfolgendem Wegfall des Interesses in allen Zweigen der Sachversicherung können die gleiche Wirkung haben. Stets aber, auch wenn die Versicherung nach Eintritt eines Versicherungsfalles weiterläuft, ist mit seinem Eintritt ein Abschluß, die Liquidation einer Geschäftsperiode erfolgt. Der Versicherer kann an Hand der vereinnahmten Prämien und ausbezahlten Summen feststellen, wie weit die bisherige Geschäftsperiode ihm Vorteil gebracht hat. Mit ihrem Abschluß beginnt jetzt gewissermaßen eine neue Versicherung mit neuen Gewinn- und Verlustchancen, der Möglichkeit des Eintritts eines neuen Versicherungsfalles. Molt hat zur Charakterisierung all dieser Folgen den Versicherungsfall „Liquidationstatsache" genannt. Die Bezeichnung ist an sich nicht unglücklich. Sie erkennt richtig, daß alle bedeutenden und kleinen Rechtsfolgen des Versicherungsfalles von einem Grundgedanken getragen werden, faßt sie dahin zusammen, daß das Versicherungsverhältnis mit Eintritt des Versicherungsfalles ins Liquidationsstadium trete. Die Formulierung Molt's hat nur einen Fehler, sie ist gedacht und wirkt als Definition. Das ist falsch, ist ebenso wie die Definition der Begründung zum VVG. die Definition eines Ereignisses durch seine Folgen. Im übrigen kann Molt nur zugestimmt werden. Das Versicherungsverhältnis tritt mit Eintritt des Versicherungsfalles ins Liquidationsstadium. Doch ist es möglich, noch einen Schritt weiterzugehen als Molt, eine unmittelbare Folge des Versicherungsfalles zu finden, die ihrerseits wieder die Liquidation umfaßt, sie notwendig und selbstverständlich erscheinen läßt. Es war gesagt, jeder Versicherungsvertrag enthalte notwendig ein Moment der Unsicherheit. Dies Moment besteht, solange die Gefahr droht, solange für die Parteien ungewiß ist, ob sich die Gefahr verwirklichen wird. Im Augenblick, wo der Versicherungsfall eingetreten ist, die Gefahr sich verwirklicht hat, ist diese Unsicherheit behoben. Die Befürchtung ist Gewißheit geworden, der Versicherte weiß, daß er den seit materiellem Vertragsbeginn bestehenden Versicherungsschutz in Anspruch nehmen, die geldeswerte Leistung des Versicherers verlangen muß. Liquidation des Versicherungsverhältnisses ist nur die unvermeidliche Folge hiervon. Es ist daher nicht unangebracht, als wichtigste Rechtsfolge des Versicherungsfalls, die alle andern umfaßt, zu nennen, daß durch ihn das jedem Versicherungsverhältnis innewohnende Moment der Unsicherheit behoben werde.

IV. Der Versicherungsfall im VVG.

Der hier gefundene Begriff des Versicherungsfalls, das Ereignis der Gefahrverwirklichung, ist nicht abgeleitet aus den einzelnen Bestimmungen des VVG., die das Wort „Versicherungsfall“ enthalten. Er ist vielmehr entwickelt aus den Grundgedanken des Versicherungsrechts überhaupt. Dasjenige, was hier über den Versicherungsfall gesagt ist, beansprucht Geltung nicht nur für das im VVG. niedergelegte Recht, sondern für jedes Versicherungsverhältnis, für jedes Versicherungsrecht. Auch die Versicherungszweige, deren gesetzliche Regelung Wort und Begriff „Versicherungsfall“ nicht kennt, die früheren Rechte, die ihn noch nicht kannten, enthalten einen Versicherungsfall, der mit dem hier geschilderten identisch ist. Ein jedes Versicherungsverhältnis enthält eine Gefahr, die droht, sich zu verwirklichen; stets ist die Verwirklichung der Gefahr ein Ereignis, daß bestimmte Rechtsfolgen nach sich zieht, das das dem Versicherungsvertrag innewohnende Moment der Unsicherheit beseitigt, damit das Versicherungsverhältnis liquidationsreif macht.

Es gilt, nachdem der Begriff des Versicherungsfalls auf diese Weise festgelegt ist, die Probe aufs Exempel zu machen, zu versuchen, ob der gefundene Begriff, das Ereignis der Gefahrverwirklichung, mit allen Bestimmungen des VVG. im Einklang steht. Die Frage kann bejaht werden. Völlig zweifellos ist dies in den Fällen der §§ 1, 21 II[1]), 34, 53, 62, 89, 92 II, 95 II, 113 II, 119 II, 144, in denen als Versicherungsfall nur ein bestimmtes historisches Ereignis angesehen werden kann, das als Verwirklichung der Gefahr richtig charakterisiert ist, Zweifel könnten vielleicht entstehen, bei den §§ 6, 21 I, 25, 28, 29, 34 I, 38, 39, 55, 56, 57, 61, 71, 87, 101, 114, 140, 141, 143, 145, 171, 175, 182. Freilich auch hier ist sicher, daß der Versicherungsfall ein bestimmtes zeitlich genau festlegbares Ereignis sein muß. Doch lassen diese sämtlichen Bestimmungen einen Rückschluß darüber zu, daß der Zustand des Versicherungsverhältnisses vor Eintritt des Versicherungsfalls ein anderer ist, als nachher, nämlich daß das Versicherungsverhältnis durch ihn ins Liquidationsstadium getreten ist. Indessen kann und muß auch in diesen Fällen die Charakterisierung als Gefahrverwirklichung genügen. Eine Hinzuziehung dieser Funktion des Ereignisses in den genannten Paragraphen zu seiner Begriffsbestimmung würde einerseits nicht mit den vorherigen Paragraphen zu vereinigen sein, andererseits auch diese Bestimmungen nicht weiter verdeutlichen. Es genügt, die Funktion als Folge des Versicherungsfalles zu erkennen und zu erwähnen, ist weder nötig noch zulässig, sie als Definition zu verwenden. Verhältnismäßig die größten Schwierigkeiten können bereiten die dem Gebiet der Sachversicherung entstammenden §§ 2, 33, 79, 92,I, 94, 95, 96, 110, 112, 113 I, 119 I, 153, 158. Hier scheint nicht allein an ein oder das Gefahrereignis gedacht zu sein, sondern gleichzeitig an den durch es verursachten Schaden, so daß zu prüfen ist, ob nicht etwa doch in der Sachversicherung der Schaden notwendiger Bestandteil des Versicherungsfalles ist. Die in dieser Form gestellte Frage kann unbedenklich verneint werden. Versicherungs-

[1]) Vgl. oben S. 12 Anm. 3.

fall selbst ist stets und auch hier nur das Gefahrereignis, der Schaden stets nur Folge des Gefahrereignisses. Fraglich kann allein sein, ob die Entstehung von Schaden in der Sachversicherung notwendige Folge des Versicherungsfalls ist. Diese Frage wird a. a. O.[1]) behandelt werden. Hier genügt die Feststellung, der Versicherungsfall sei das Ereignis der Gefahrverwirklichung, kann auch für diese Paragraphen als zutreffende und genügende Definition angesehen werden.

Nachdem ein Begriff des Versicherungsfalls für das ganze Versicherungsrecht entwickelt und als mit den Bestimmungen des VVG. in Einklang stehend befunden ist, soll noch die Ausnahme behandelt werden, die bei den bisherigen Untersuchungen außer acht gelassen ist. Auf die Termfixversicherung scheinen die gesamten bisherigen Ausführungen nicht zuzutreffen. Hier steht der Auszahlungstermin von vornherein fest, ist nicht etwa die Verwirklichung der oder überhaupt einer Gefahr. Framhein[2]) hat daher auch bei seinen Ausführungen über die Herbeiführung des Versicherungsfalles die Termfixversicherung ausgeschlossen, da bei ihr die Herbeiführung des Versicherungsfalles begrifflich unmöglich sei. Er würde Recht haben, wenn in der Termfixversicherung der Auszahlungstermin der Versicherungsfall wäre. Das ist aber nicht so. In der Termfixversicherung sucht der Versicherte Schutz gegen die Gefahr, daß er durch zu kurzes Leben nicht in der Lage sei, bis zu einem bestimmten Zeitpunkt ein gewisses Kapital zu sammeln. Diese Gefahr wird verwirklicht, durch den Tod des Versicherten. In der Termfixversicherung besteht die Unsicherheit darin, wie lange der Versicherte Prämie zu zahlen hat[3]). Diese Unsicherheit wird beseitigt durch den Tod des Versicherten. Also kurz, in der Termfixversicherung ist Versicherungsfall der Todesfall des Versicherten, nicht der Auszahlungstermin. Wird dieser Ansicht gefolgt, so paßt die Definition, der Versicherungsfall sei Ereignis der Gefahrverwirklichung auch für diesen Versicherungszweig. Auch die Kardinalrechtsfolge zieht der Versicherungsfall nach sich. Mit seinem Eintritt wird das Versicherungsverhältnis nicht nur liquidationsreif, es tritt bereits ins Liquidationsstadium. Als Beginn dieser Liquidation ist zunächst der Tod des Versicherten dem Versicherer anzuzeigen. Gegen die hier vertretene Auffassung könnte allein einnehmen, daß nicht auch das Ende der Liquidation, die Auszahlung der Versicherungssumme, unmittelbar auf den Versicherungsfall, sondern erst am Auszahlungstermin folgt, während § 1 VVG. bestimmt, daß in der Personenversicherung der Versicherer den vereinbarten Betrag nach Eintritt des Versicherungsfalles auszuzahlen habe. Dieser Einwand würde aber nicht durchschlagen. § 1 VVG., der übrigens im wesentlichen nur die schon aus dem allgemeinen Schuldrecht resultierende Verpflichtung des Versicherers, seine Vertragspflicht zu erfüllen, nochmals festsetzt, kann nicht in der Hinsicht als zwingend angesehen werden, daß er die Parteien hinderte, an Stelle des Versicherungsfalles einen anderen Auszahlungstermin zu setzen.

Wird übrigens als Versicherungsfall in der Termfixversicherung der Tod des Versicherten angesehen, so sind auch die Framheinschen Ausführungen

[1]) S. unten S. 26ff. [2]) S. 60.
[3]) Bruck-Dörstling S. 8, 55f.

über die Herbeiführung des Versicherungsfalles für dieses Gebiet zutreffend. In der Termfixversicherung ist die Leistung des Versicherten resolutiv bedingt, nicht wie sonst die Leistung des Versicherers suspensiv bedingt. Im übrigen ist aber auch hier der Versicherungsfall die Bedingung, die der Versicherte nicht wider Treu und Glauben herbeiführen darf, bzw. die gemäß § 162 II BGB. als nicht eingetreten zu gelten hat, wenn der Versicherte sie, wider Treu und Glauben herbeigeführt hat. Der § 10 der allgemeinen Todesfallsversicherungsbedingungen der deutschen Lebensversicherer kann unter diesen Umständen für die Termfixversicherung nicht als richtige Konsequenz des Selbstmordes des Versicherten angesehen werden. Gemäß § 162 II BGB. müßte in der Termfixversicherung der Versicherer bei Selbstmord des Versicherten nicht leistungsfrei sein, sondern gegen die Erbmasse einen Anspruch auf Prämienzahlung bis zum Auszahlungstermin haben und falls dieser Anspruch nicht realisierbar ist, natürlich aufrechnungsberechtigt sein, ein Ergebnis, das unter Umständen dem Versicherer sehr viel angenehmer sein kann.

B. Der Versicherungsfall in der Sachversicherung.

I. Einleitung.

Nach Abschluß der Abhandlungen, die Geltung beanspruchen für das gesamte Versicherungsrecht, für jeden Versicherungszweig, soll noch nicht sofort auf das der Arbeit in erster Linie vorbehaltene Gebiet der Seeversicherung eingegangen werden. Die Seeversicherung ist Teil der Sachversicherung. Zunächst sollen deshalb die nicht spezifisch seeversicherungsrechtlichen, sondern die für die Seeversicherung als Teil der Sachversicherung, m. a. W. die für die gesamte Sachversicherung bedeutenden Fragen erörtert werden. Das Wesen des Versicherungsfalls selbst als Ereignis der Gefahrverwirklichung steht fest, und kann, wie oben angegeben, hier außer Betracht bleiben. Es wird daher im folgenden nur von der Form des Eintritts, sowie von den tatsächlichen und rechtlichen Folgen des Ereignisses gehandelt werden.

II. Das Ereignis.

Fürchtet in der Personenversicherung der Versicherte zu bestimmten Zeiten oder bei bestimmten Gelegenheiten nicht über das von ihm gewünschte Vermögen zu verfügen, so geht in der Sachversicherung seine Befürchtung dahin, nicht etwa vermögenslos zu sein, sondern durch bestimmte Ereignisse Vermögen zu verlieren. Besteht allgemein die Gefahr in der Möglichkeit des Eintritts bestimmter Ereignisse, so besteht in der Sachversicherung die Gefahr in der Möglichkeit des Eintritts von Ereignissen, die geeignet sind, Vermögenseinbußen des Versicherten hervorzurufen. Nicht unmittelbar in der Möglichkeit der Entstehung von Schaden, wie Ritter angibt. Der Schaden ist erst Folge der schädigenden Ereignisse. Die Vermögenseinbußen können zurückzuführen sein auf die verschiedensten Anlässe, als da sind Brände, Diebstähle, Hagelschlag, Viehseuchen, Transportunfälle, Entstehung von Haftpflichtansprüchen u. a. m. Zahl und Verschiedenheit der versicherten Interessen sowie der ihnen drohenden Gefahren machen es auch an diesem Ort unmöglich, über die Form des Ereignisses, die Art der einzelnen Gefahrverwirklichung Ausführungen zu machen. Nur eine Frage bedarf der Klärung, die übrigens, wenn auch direkt nur für das Gebiet der Sachversicherung und darin sogar nur für die Transport- und Seeversicherung von Bedeutung, in gewisser Hinsicht doch von Allgemeininteresse ist, deshalb auch schon im allgemeinen Teil hätte behandelt werden können.

Frühere Rechte, so das HGB. und die ADS. von 1867 sprachen, wie oben bereits angegeben, in einer Reihe von Bestimmungen, die heute das Wort Versicherungsfall enthalten, von Unfällen, für die der Versicherer haftet. Sind im geltenden Recht die Versicherungsfälle an die Stelle der früheren Unfälle getreten, so würde anzunehmen sein, nach Prägung des Versicherungsfalles sei der Unfall aus der Terminologie der Gesetze und Bedingungen verschwunden. Das ist aber nicht geschehen. Die Transportversicherung des VVG. spricht noch von Unfällen und ihr folgend, doch noch in beträchtlich weiterem Maße auch die ADS. von 1919. Es ist zu prüfen, was unter diesen Unfällen zu verstehen ist, ob sie mit Versicherungsfällen identisch sind, ob eventuell diese Unfälle geeignet sind, die Richtigkeit der Ausführungen des Verfassers über den Versicherungsfall in Frage zu stellen, endlich auch, ob die Terminologie, die zwischen Versicherungsfällen und Unfällen, für die der Versicherer haftet, unterscheidet, als glücklich anzusehen ist. Ritter bezeichnet[1]) die Unfälle als Ereignisse, die das Interesse einer bestimmten Person unmittelbar treffen und als nachteilig empfunden werden. Ritter scheint in dieser Definition weit über das hinauszugehen, was nach dem Sprachgebrauch des täglichen Lebens unter Unfällen verstanden wird. Er schränkt indessen in seinen Beispielen[2]) diese Begriffsbestimmung entsprechend der gemeinen Anschauung wieder ein auf äußere, substanzangreifende, Sachwerte unmittelbar vernichtende oder zum mindesten beschädigende Ereignisse. Das ist richtig. Andere Ereignisse können nicht als Unfälle gelten. In Einklang mit dieser Auffassung steht auch die Definition des Reichsgerichts.[3]) Es stellt fest, der Unfall in der Transportversicherung sei ein gegen den Willen der an der Versicherung Beteiligten plötzlich von außen her auf den Körper einer Person oder eine Sache einwirkendes Ereignis. Eine sinngleiche Definition, die ebenfalls vom Reichsgericht[4]) widerspruchslos hingenommen ist, enthalten auch die Allgemeinen Versicherungsbedingungen für Kraftfahrzeugversicherungen, deren § 1 Unfälle als von außen her plötzlich mit mechanischer Gewalt einwirkende Ereignisse bezeichnet.

Solche Unfälle sind Gefahrereignisse, Verwirklichungen von Gefahren. Das Gleiche ist auch vom Versicherungsfall gesagt. Worin besteht der Unterschied beider, wie ist die Unterscheidung zwischen Unfällen und Versicherungsfällen in § 40 ADS. zu erklären? Ritter[5]) gibt an, mit Versicherungsfall solle nur das Ereignis gemeint sein, das die Leistungspflicht des Versicherers begründe. Wenn von reinen Gefahrereignissen die Rede sei, sei von Unfällen gesprochen, für die der Versicherer hafte. Diese Angabe ist nicht völlig zutreffend. Die Vorschriften über Schadensabwendung und Herbeiführung des Versicherungsfalles beispielsweise zeigen, daß in einer Reihe von Bestimmungen die ADS. auch dann von Versicherungsfällen sprechen, wenn eine Leistungspflicht des Versicherers nicht begründet ist. Der § 40 ADS. allein brauchte, ebensowenig wie § 146 VVG. Schwierigkeiten zu bereiten. Es ist möglich, ihn auch ohne die genannten Angaben

---

[1]) S. 634, 1037ff. [2]) S. 1038, 1108.

[3]) Urt. v. 25. 11. 1924, VI 171/24, Nr. 1926 der Sammlung des Versicherungsseminars Hamburg.

[4]) Bd. 112 S. 373. [5]) S. 225.

Ritters über die Terminologie des Gesetzes zu erklären. Unfälle, Gefahrereignisse können zurückzuführen sein auf Gefahren, für die der Versicherer haftet, sowie auf Gefahren, die außerhalb des Bereiches seiner Haftung liegen. Sind diese Unfälle Verwirklichungen von Gefahren, für die der Versicherer haftet, so sind sie gleichzeitig Versicherungsfälle, sonst nicht. In der Transportversicherung sind alle gefahrerheblichen Unfälle anzuzeigen, ohne Rücksicht darauf, ob sie gleichzeitig Versicherungsfälle sind. Schwierigkeiten bereiten allein die §§ 131, 137, VVG. und ebenso die §§ der ADS., in denen von Unfällen die Rede ist, für die der Versicherer haftet. Es handelt sich hier stets um Fälle, in denen an ein bestimmtes Gefahrereignis, für das der Versicherer haftet, Rechtsfolgen geknüpft werden, die aus dem Rahmen des Üblichen herausfallen, Ausnahmevorschriften darstellen. Die Gefahrereignisse hier sind Versicherungsfälle. Dies gibt auch Ritter[1]) zu. Etwaige Zweifel in dieser Hinsicht wird die Definition der Begründung beseitigen, die diese Unfälle als unter die Versicherung fallende Ereignisse bezeichnet[2]). Die Terminologie von Gesetz und Bedingungen könnte hier unglücklich erscheinen, weil sie den Gedanken nahelegt und tatsächlich sogar zu der Annahme geführt hat, ein Unfall, für den der Versicherer haftet, sei kein Versicherungsfall. So ist Schneider[3]) der Meinung es müsse sich um die Wirkung einer Gefahr handeln, für die die Versicherung genommen sei, die aber noch nicht zum Versicherungsfall geführt habe. Schneider unterscheidet hier, wie dies oft geschieht, nicht zwischen dem Versicherungsfall und seinen Folgen. Die Erklärung der genannten Vorschriften ist einfacher, die Terminologie von Gesetz und Bedingungen berechtigt, trotz der Irrtümer, die sie veranlassen können und veranlaßt haben. Nicht jeder Versicherungsfall braucht ein Unfall zu sein, wenn es sich auch meistens um Unfälle handeln wird. Versicherungsschutz wird beispielsweise auch gewährt gegen Verfügungen von hoher Hand, gegen Streikgefahr. Verwirklichen sich diese Gefahren, so ist ein Versicherungsfall gegeben, aber kein Unfall; die Gefahr hat nicht mechanisch, substanzangreifend auf die versicherte Sache eingewirkt. Die genannten Vorschriften nun sind gedacht nur für Versicherungsfälle, die gleichzeitig Unfälle sind, also in erster Linie die typischen Seeunfälle, nicht für Versicherungsfälle jeder Art. Wird ein Schiff durch Verfügung von hoher Hand angehalten und daraufhin die Güter ausgeladen und mit einem andern Schiff weiter befördert, dann würden die Kosten der Weiterbeförderung nicht zu Lasten des Versicherers gehen, obwohl die Anhaltung ein Versicherungsfall ist.[4])

III. Schaden.

Die tatsächlichen Folgen des Versicherungsfalles können in der Sachversicherung völlig verschiedener Art sein; eine Bearbeitung ist daher in diesem Abschnitt noch nicht möglich. Eine Folge aber gibt es, die allen ihren Zweigen gemeinsam ist, die in allen Zweigen die größte Rolle spielt.

[1]) S. 1037, 1108.
[2]) Begründung z. VVG. S. 126.
[3]) S. 405.
[4]) Ähnlich Ritter, S. 1108.

In der Sachversicherung besteht die Gefahr in der Möglichkeit des Eintritts von ihrer Natur nach schädigenden Ereignissen. Der Versicherungsfall als Ereignis der Gefahrverwirklichung ist also ein seiner Natur nach schädigendes Ereignis. Muß dies Ereignis notwendig Schaden stiften? Ist ein Ereignis, das keinen Schaden stiftet, kein Versicherungsfall? Die herrschende Meinung ist dieser Ansicht, sicht Ereignisse, die keinen Schaden stiften, nicht als Versicherungsfälle an. Mit Leidenschaft vertritt insbesondere Peef[1]) dessen Standpunkt, der im Ergebnis auch von Gerhard-Hagen[2]) und Schneider[3]) eingenommen wird. Auch Wörner[4]) kommt letzten Endes zum gleichen Ergebnis, wenn er zwischen Versicherungsereignis und Versicherungsfall unterscheidet und das Versicherungsereignis — als solches bezeichnet er denjenigen Vorfall, gegen dessen schadenbringende Folgen durch die Versicherung Schutz gesucht wird — noch nicht als Versicherungsfall gelten läßt. Der Einfluß der Definition der Begründung geht soweit, daß der Mehrzahl der Bearbeiter nicht einmal der Gedanke der Möglichkeit eines schadensfreien Versicherungsfalles gekommen ist. Selbst Ritter[5]) setzt diesen Schaden als so selbstverständlich voraus, daß er, um den Versicherungsfall zu finden, dem Weg der Geschehnisse rückwärts zu folgen sucht, vom entstandenen Schaden zur Entstehung des Schadens. Er kann auf diese Weise natürlich nur zu einem schadenstiftenden Versicherungsfall kommen; die Möglichkeit eines schadensfreien Versicherungsfalls bleibt bei dieser Art vorzugehen außerhalb seines Gesichtskreises. Die an sich richtige „Lösung, der Versicherungsfall sei das Ereignis, das nach dem Versicherungsvertrage dem Versicherer zur Last falle," schwächt er daher ab, durch den Zusatz: „Und unvermeidlich zum Schaden geführt hat oder" — ein Kompromiß zugunsten von § 62 VVG. — „geführt haben würde, wenn der Schaden nicht abgewendet wäre." Zum richtigen Ergebnis kann nur die umgekehrte Untersuchung führen, von der Gefahrslage über den Versicherungsfall bis zum Ablauf der Kausalreihe. Sie zeigt, daß der Versicherungsfall als seiner Natur nach schädigendes Ereignis in der Regel zum Schaden führt. Er braucht aber diesen Erfolg nicht notwendig zu haben. Der Schaden kann abgewendet werden oder durch einen glücklichen Zufall nicht zur Entstehung gelangen. In logischer Hinsicht besteht kein Zwang, den Schaden als notwendige Folge des Versicherungsfalles anzusehen. Solcher Zwang könnte daher nur vom Gesetz ausgeübt werden. Hier läßt sich zunächst ausführen, der Versicherungsfall solle das Versicherungsverhältnis ins Liquidationsstadium führen und damit die Zahlungspflicht des Versicherers begründen. Eine Zahlungspflicht des Versicherers, der nur entstandenen Schaden zu ersetzen habe, könne nicht bestehen, wenn kein Schaden entstanden sei. Gewiß, das ist richtig, steht aber der hier vertretenen Ansicht nicht entgegen. Der Versicherer hat nur entstandenen Schaden zu ersetzen. Ist dieser Schaden gleich null, so ist auch seine Zahlungspflicht gleich null, die Vorschrift des § 1 VVG. mithin gegenstandslos. Auch § 146 VVG. rechtfertigt nicht per argumentum e contrario die Annahme, daß in § 33 VVG. nur an schadenstiftende Ver-

[1]) S. 37. [2]) S. 13. [3]) S. 42.
[4]) Deutsche Versicherten-Zeitung, Jahrg. I S. 180ff.
[5]) LZ. 1914 S. 354, 356.

sicherungsfälle gedacht ist, wie die herrschende Meinung annimmt. Es ist bereits darauf hingewiesen, daß es auch Unfälle gibt, für die der Versicherer nicht haftet, die nicht zum Bereich der von ihm übernommenen Gefahren gehören. Gegen die Annahme, § 33 zeige, daß zum Versicherungsfall untrennbar der Schaden gehöre, spricht schon die Tatsache, daß dieser Paragraph im allgemeinen Teil des VVG. steht, also auch Geltung beansprucht, für Versicherungszweige, in denen ein durch den Versicherungsfall verursachter Schaden nicht in Betracht kommt. Eine andere, unten noch zu behandelnde, Frage[1]) ist, ob die Vorschrift für das Gebiet der Sachversicherung auch Geltung beanspruchen kann, in Fällen, in denen kein Schaden entstanden ist, keine Leistungspflicht des Versicherers begründet ist.

Sprechen schon keine Gründe für die Annahme, der Versicherungsfall müsse notwendig mit Schaden verbunden sein, sprechen andererseits gewichtige Gründe gegen diese Annahme. In erster Linie ist hier § 62 VVG. zu nennen. Theorie und Praxis sind sich einig darüber, daß die Schadenabwendungspflicht des Versicherten bereits vor der Entstehung des Schadens beginnen müsse. Die gewagtesten Auslegungen werden versucht, um zu diesem Ergebnis zu gelangen[2]). Dabei fallen die gesamten Schwierigkeiten fort, wenn der Schaden nicht als untrennbare Folge oder gar Bestandteil des Versicherungsfalles aufgefaßt wird, sondern, wie es hier geschieht, nur als nach normalem Lauf der Dinge, d. h. insbesondere ohne menschliches Eingreifen zu erwartende Folge des Versicherungsfalles. Wichtiger als diese ist eine zweite Erwägung. Scharfe Trennung des Versicherungsfalles von seinen Folgen ist praktisches Bedürfnis. Wird die Entstehung von Schaden als notwendige Folge des Versicherungsfalles angesehen, ist ein Gefahrereignis, das keinen Schaden stiftet, kein Versicherungsfall, dann steht bei Eintritt eines Gefahrereignisses überhaupt noch nicht fest, ob es ein Versicherungsfall ist, entscheidet sich erst später, auf Grund seiner Folgen nicht nur, ob das voraufgegangene Ereignis ein Versicherungsfall war, sondern ob es, das längst abgeschlossene Ereignis noch zum Versicherungsfall wird. Man denke den Fall, daß während der Sommermonate ein Brandstifter ein Loch in einen während dieser Zeit unbenutzten Ofenschornstein schlägt, das mit Notwendigkeit bei der ersten Heizung zur Entstehung eines Feuers führen muß. Es würde erst Monate später, wenn das Loch bis dahin nicht entdeckt ist, bei der ersten Heizung und dem jetzt entstehenden Brand das frühere Einschlagen des Schornsteins zum Versicherungsfalle werden. Ein solches Ergebnis würde unbefriedigend sein. Auch hier zeigt sich, daß es unmöglich ist, ein Ereignis durch seine Folgen zu charakterisieren.

Es bestehen somit keinerlei durchschlagende Gründe für, überzeugende Gründe gegen die Annahme, der Schaden sei in der Sachversicherung notwendige Folge des Versicherungsfalles. Der herrschenden Ansicht kann daher nicht gefolgt, die Entstehung von Schaden in der Sachversicherung nur als nach normalem Lauf der Dinge zu erwartende, nicht als notwendige Folge des Versicherungsfalles angesehen werden.

---

[1]) S. unten S. 33f.

[2]) S. oben S. 12 u. die dort zitierte Literatur.

IV. Rechtsfolgen.

Weitere Ausführungen über die tatsächlichen Folgen des Versicherungsfalles, die ja bedingt sind durch die Art der einzelnen Gefahren und ihrer Verwirklichung, sind an diesem Ort nicht möglich. Die der Seeversicherung eigentümlichen werden noch im besonderen Abschnitt zu behandeln sein. Das Wesen der Rechtsfolgen dagegen ist einheitlicher. Rechtsfolge des Versicherungsfalles ist in der Sachversicherung wie stets Eintritt des Versicherungsverhältnisses ins Liquidationsstadium, womit Obliegenheiten und Rechtspflichten der Parteien ausgelöst werden. Als solche Obliegenheiten und Rechtspflichten der Parteien, die mit unbedeutenden Varianten in allen Zweigen der Sachversicherung wiederkehren, sind zu nennen, die sogenannten Pflichten des Versicherten, Schaden abzuwenden und zu mindern, den Versicherungsfall anzuzeigen, Auskunft zu erteilen, Weisungen des Versicherers einzuholen und zu befolgen, dem Versicherer die Verfolgung etwaiger Regreßansprüche zu erleichtern, sowie die Pflichten des Versicherers, den entstandenen Schaden nach Maßgabe des Vertrages zu ersetzen und die Kosten etwaiger Aufwendungen zur Schadensabwendung und Minderung zu ersetzen, eventuell vorzuschießen. Letzte Rechtsfolge endlich ist der Übergang der Rechte an der versicherten Sache auf den Versicherer nach Zahlung der Versicherungssumme. Hier wird keine Verpflichtung statuiert, etwa die Pflicht des Versicherten, dem Versicherer die Rechte an der versicherten Sache zu übertragen; es wird vielmehr bereits durch cessio legis die Übertragung vorgenommen.

Fraglich kann sein, ob diese Rechtsfolgen auch ausgelöst werden, wenn ein Versicherungsfall eingetreten ist, der keinen Schaden herbeigeführt hat. Ein großer Teil der Rechtsfolgen ist in solchen Fällen von vornherein gegenstandslos, wie sich aus der Natur der Sachlage ergibt und oben bereits bezüglich der Zahlungspflicht des Versicherers angegeben ist.

Die Schadensabwendungspflicht des Versicherten selbstverständlich bleibt bestehen. Ihre Erfüllung ist es ja gerade, die den Versicherungsfall vielfach zu einem schadensfreien machen wird. Wendet der Versicherte Schaden ab, so bleiben korrespondierend die Pflichten des Versicherten bestehen — es sei gestattet, die Obliegenheiten hier mit unter dieser Bezeichnung zu verstehen — Auskunft zu erteilen, Weisungen des Versicherers einzuholen und zu befolgen und die des Versicherers, die Kosten der Abwendungsmaßnahmen zu tragen und eventuell vorzuschießen.

Wie ist es aber, wenn durch einen glücklichen Zufall kein Schaden entstanden ist, keinerlei Abwendungsmaßnahmen notwendig waren? Muß der Versicherte einen solchen Versicherungsfall überhaupt anzeigen? Die herrschende Ansicht kann hier nicht um Rat gefragt werden. Da sie überhaupt nur schadenstiftende Ereignisse als Versicherungsfälle ansieht, besteht für sie nicht die Möglichkeit der Anzeige eines schadenfreien Versicherungsfalles. Anzeige des Versicherungsfalles müßte bei enger Anlehnung an den Wortlaut des Gesetzes stets als Pflicht angesehen werden, auch dann, wenn kein Schaden entstanden ist. Ein Eingehen auf den Sinn der Vorschrift läßt solche enge Anlehnung als unzweckmäßig und unberechtigt erscheinen. Zweck der Vorschrift ist nach der Begründung zum VVG.[1]), den Versicherer alsbald nach Eintritt des Versicherungsfalles in die Lage zu versetzen, die Umstände, unter denen sich das Ereignis vollzogen hat, zu prüfen, für die Feststellung des Tatbestandes zu sorgen und nötigenfalls Maßnahmen zur Abwendung und Minderung des Schadens einzuleiten. Abwendung und Minderung des Schadens kommen in den hier ins Auge gefaßten Fällen nicht in Betracht und ein Interesse des Versicherers, den Tatbestand festzustellen, besteht nicht, soweit es sich auf den Wunsch gründen kann, die Voraussetzungen seiner Zahlungspflicht zu prüfen. Rechtsfolge einer Verletzung der Anzeigenpflicht ist sonst, daß der Versicherer seine Leistung kürzen kann, soweit er durch die Verletzung geschädigt ist; eventuell, wenn dies besonders vereinbart ist und der Versicherte nicht nachweist, daß die Verletzung eine unverschuldete war, kann sogar Leistungsfreiheit des Versicherers Rechtsfolge sein. Diese Rechtsfolgen sind bedeutungslos, wenn eine Zahlungspflicht des Versicherers überhaupt nicht begründet ist. Für eine Anzeigepflicht des Versicherten spricht nur ein Grund, der aber nicht durchschlagend ist. Der Versicherer kann ein Interesse daran haben, auch über schadenfreie Versicherungsfälle orientiert zu werden, da sie gefahrerhebliche Umstände sind. Bilden sie eine Gefahrerhöhung, so hat sie der Versicherte bereits nach §§ 23, 27 VVG. anzuzeigen. Darüber hinaus aber gewährt das VVG. dem Interesse des Versicherers, über alle gefahrerheblichen Umstände, die während des Laufes der Versicherung eintreten, unterrichtet zu sein, keinen Schutz. Eine Sondervorschrift, wie sie § 146 VVG. für die Transportversicherung gibt, nach der jeder gefahrerhebliche Unfall anzuzeigen ist, besteht für die übrigen Zweige der Sachversicherung nicht. Diese Ausführungen stehen nicht im Widerspruch zu dem, was oben über die Unfälle gesagt ist. § 146 VVG. rechtfertigt nicht damit, daß in ihm von schadenfreien Unfällen die Rede ist, p. arg. e contr. den Rückschluß, Versicherungsfälle müßten stets Schaden stiften; er rechtfertigt wohl p. arg. e. contr. den Rückschluß, daß eine Anzeigepflicht, wie sie hier für die Transportversicherung festgesetzt wird, für die übrigen Zweige, nicht besteht. Man wird unter diesen Umständen die Anzeigepflicht des Versicherten bei schadenfreien Versicherungsfällen als gegenstandslos ansehen, ihn in diesen Fällen von der Anzeigepflicht entbinden können.

Wie die Anzeigepflicht des § 33 VVG. kann auch das Kündigungsrecht der §§ 96, 113, 158 VVG. Anlaß zu Zweifeln geben. Kann dieses Kündigungsrecht den Parteien auch nach Eintritt eines schadenfreien Versicherungsfalles zugebilligt werden?

Das genannte Kündigungsrecht ist eine Schutzvorschrift für beide Parteien. Die Begründung führt an[2]), durch die Wahrnehmungen, zu welchen die Ermittelung und Feststellung des Schadens Anlaß gebe, werde häufig bei dem einen oder anderen Teil der begründete Wunsch hervorgerufen, an den Vertrag nicht weiter gebunden zu bleiben; in den Versicherungsbedingungen des Verbandes deutscher Privatfeuerversicherungsgesellschaften sei deshalb den Parteien bereits die Möglichkeit einseitiger

[1]) S. 42.

[2]) Begründung zum VVG. S. 98.

Lösung gegeben; entsprechend sehe auch § 96 VVG. ein Kündigungsrecht für beide Teile vor. § 96 VVG. sucht also dem Bedürfnis wie der Übung des praktischen Lebens nachzukommen.

Ein Kündigungsbedürfnis könnte ohne allzu große Bedenken schon anerkannt werden nach Eintritt eines schadenfreien Versicherungsfalles. Bereits ein solcher schadenfreier Versicherungsfall, an den keinerlei Ansprüche geknüpft worden sind, der eventuell auch gar nicht angezeigt, aber zufällig dem Versicherer auf andere Weise bekannt geworden ist, kann sowohl beim Versicherer wie beim Versicherten den berechtigten Wunsch hervorrufen, an den Vertrag nicht weiter gebunden zu bleiben. Der Eintritt eines solchen Versicherungsfalles kann Aufschluß darüber geben, daß die Gefahrslage eine andere ist, als von der einen oder anderen Partei bei Vertragsschluß angenommen wurde. Entsprechend kann der Versicherte den Wunsch haben, eine andere Versicherung zu wählen, die ihm größeren Versicherungsschutz gewährt oder geringere Prämien berechnet, der Versicherer, das Vertragsverhältnis aufzuheben, weil ihm das Risiko zu groß oder die Prämien zu klein erscheinen.

Ein so weitgehendes Bedürfnis war indessen vom praktischen Leben, dem zuliebe das genannte Kündigungsrecht geschaffen wurde, derzeit noch nicht erkannt oder zum mindesten nicht anerkannt worden; dort wurde nur nach Schadensfällen, nicht auch nach schadensfreien Versicherungsfällen ein Kündigungsrecht gewährt. Weiter als das praktische Leben wollte auch das Gesetz nicht gehen. Es würde bedenklich sein, dem Gesetz jetzt eine formal haltbare, auch seinem Sinne nicht zuwiderlaufende, aber doch eine derzeit nicht beabsichtigte und der praktischen Übung nicht entsprechende Auslegung zu geben. Die oben aufgeworfene Frage wird daher dahin zu entscheiden sein, daß mangels abweichender Vereinbarungen durch einen schadenfreien Versicherungsfall das Kündigungsrecht der §§ 96, 113, 158 VVG. noch nicht ausgelöst wird. Vereinbarungen, die ein Kündigungsrecht auch im Falle schadenfreier Versicherungsfälle gewähren, entsprechen dem Sinn der genannten Vorschriften und sind als zulässig anzusehen. Die Zukunft wird lehren müssen, ob ein Bedürfnis nach derartigen Vereinbarungen besteht.

Umfangreichere Ausführungen über die Rechtsfolgen des Versicherungsfalles sind nicht beabsichtigt. Sie würden zu weit vom Thema abführen. Durch das hier Vorgetragene wird auch bereits das Wesen der Rechtsfolgen des Versicherungsfalles in der Seeversicherung erfaßt, so daß ausführliche Abhandlungen über diese Rechtsfolgen oder ihre schematische Aufzählung im besonderen Teil nicht mehr von nöten sein werden. Es wird nur darauf hinzuweisen sein, welche Ausgestaltung die gesamten Rechtsfolgen erfahren haben, nach welchen Gesichtspunkten sie zu beurteilen sind.

C. Der Versicherungsfall in der Seeversicherung.

I. Einleitung und Einteilung.

Im allgemeinen Teil ist ausgeführt, daß der dort entwickelte Begriff des Versicherungsfalles nicht aus den Bestimmungen des VVG., sondern aus den Grundsätzen des Versicherungsrechts überhaupt abgeleitet sei, daß daher das dort über den Versicherungsfall Ausgeführte nicht nur Gültigkeit beanspruche, für das im VVG. niedergelegte Versicherungsreht, sondern für alle Gebiete. Ein solches Ergebnis zu finden war nicht nur möglich; es war notwendig für diese Arbeit. Das HGB., die gesetzliche Regelung des Seeversicherungsrechts kennt noch nicht den Versicherungsfall. Würde hieraus zu folgern sein, daß es im Seeversicherungsrecht einen Versicherungsfall nicht gebe, daß es einen solchen allein in den dem VVG. unterworfenen Versicherungszweigen gebe, dann würden Ausführungen über den Begriff des Versicherungsfalles in der Seeversicherung unmöglich, dann würde den an die Terminologie des VVG. angelehnten ADS. von 1919 nicht der Vorwurf zu ersparen sein, ihre Terminologie sei falsch, da sie in den Kernpunkten jeden Versicherungsverhältnisses einen im Seeversicherungsrecht nicht existenten Begriff stelle. Das ist aber nicht so; der gefundene Begriff lebt in der deutschen Seeversicherung so gut, wie in jeder ausländischen, die ihn noch nicht erkannt hat.

Ausgestaltungen und Differenzierungen des unverändert feststehenden Begriffs sind möglich, wie ebenfalls bereits angegeben, in Bezug auf äußeren Hergang und Folgen des Versicherungsfalles. Die möglichen Differenzierungen haben im Seeversicherungsrecht den denkbar höchsten Grad erreicht. Das hat zwei Gründe.

Die Seeversicherung ist der älteste und derjenige Versicherungszweig, dessen Entwicklung verhältnismäßig am wenigsten von gesetzlichen Einschränkungen gehemmt wurde. In ihr kämpften von jeher mächtige, annähernd gleich starke Interessengruppen, um Durchsetzung ihrer Belange, die bewirkten, daß in den jeweiligen Gesetzesvorschriften und allgemeinen Versicherungsbedingungen ein besserer Ausgleich, eine vollständigere Berücksichtigung aller Interessen gefunden wurde, als dies auf anderen Gebieten möglich war, wo der wirtschaftlich Starke dem Schwachen, der erfahrene Kaufmann dem Laien gegenüberstand.

Ferner gewährt die Seeversicherung Schutz einer Vielzahl von Interessen, nämlich sämtlichen Interessen, die durch die Gefahren der Seeschiffahrt bedroht werden können[1]), und gegen eine Vielzahl von Gefahren, nämlich

---

[1]) Nicht versicherbar sind ausnahmsweise die Heuerforderungen des Schiffers und der Schiffsmannschaft gemäß § 780 HGB., ein Verbot, das übrigens heute, wo der Reeder für die Heuer unbeschränkt haftet, die Heuerforderung nicht mehr von der Rettung von Schiff und Ladung abhängig ist, keine innere Berechtigung mehr hat und dem in der Praxis keine wesentliche Bedeutung mehr zukommt. Vgl. hierzu Ritter, S. 78.

grundsätzlich gegen sämtliche Gefahren, denen die versicherten Sachen während der Dauer der Seeschiffahrt ausgesetzt sind.

Beeinflußt die Vielzahl von Gefahren die möglichen äußeren Formen des Versicherungsfalles, so hat sich die Wirkung des oben erwähnten Kampfes der beteiligten Interessengruppen um Wahrung ihrer Belange auf die Rechtsfolgen des Versicherungsfalles erstreckt, ihnen in der Gesamtheit eine speziell für das Seeversicherungsrecht typische Gestaltung gegeben.

Die Vielzahl der in der Seeversicherung geschützten Interessen ist — eine Erleichterung für den Systematiker — gewissen Beschränkungen unterworfen. Schutzfähig sind nur Interessen an der Überwindung der Gefahren der Seeschiffahrt durch Schiff oder Güter. Eine Verwirklichung der Gefahren muß stets Schiff oder Güter erfassen. Die zahlreichen denkbaren und üblichen Versicherungen lassen sich daher einteilen in solche, die das Schiff und solche, die die Güter betreffen. Bei Untersuchung von Form und tatsächlichen Folgen des Versicherungsfalles wird diese Teilung von Nutzen sein. Die Rechtsfolgen des Versicherungsfalles dagegen, die in der ganzen Seeversicherung wesensgleich sind, werden sich einheitlich behandeln lassen.

II. Versicherungen, die das Schiff betreffen.

1. Das Gefahrereignis.

Erste Aufgabe ist, den Versicherungsfall seinem äußeren Hergang nach festzustellen in den Versicherungen, die das Schiff betreffen. Als solche sind zu nennen die Kaskoversicherung, die Versicherung von Fracht[1]), Schiffsmiete und Überfrachtsgeldern, sowie die Versicherung von Forderungen, zu deren Deckung ein den Gefahren der See ausgesetzter Gegenstand dient. In allen diesen Versicherungen werden die versicherten Interessen bedroht, durch die Gefahren, die das Schiff treffen können. Erleidet das Schiff hier einen Seeunfall, so werden die versichertenInteressen beeinträchtigt. Das Einschlagen von Gefahren der Seeschiffahrt beim Schiff ist der Fall, für den die Versicherung genommen ist, oder m. a. W. die Verwirklichung der das Schiff bedrohenden Gefahr ist der Versicherungsfall.

Die Feststellung des Versicherungsfalles, des Gefahrereignisses, wird hier im Regelfall verhältnismäßig wenig Schwierigkeiten bereiten. Jedenfalls gilt dies, soweit die Verwirklichung der üblichen Seegefahren in Betracht kommt. Ob ein Schiff auf Grund gelaufen, mit Eis kollidiert, in schweres Wetter geraten ist, läßt sich genau feststellen. Der Eintritt dieses Ereignisses ist unmittelbar die Verwirklichung der vom Versicherer übernommenen Gefahr. Die auf diesem Gebiet möglichen Schwierigkeiten sind rein tatsächlicher Art. Beim Zusammentreffen oder Aufeinanderfolgen mehrerer gefährlicher Ereignisse kann fraglich sein, welches schließlich den Ausschlag gegeben hat und als das Gefahrereignis, der Versicherungsfall, anzu-

[1]) Frachtversicherung bezieht sich nicht nur auf das Schiff, sondern auch auf die Güter (Ritter, S. 1212). Sie wird aber als den das Schiff betreffenden Versicherungen im Gepräge am nächsten stehend mit diesen zusammen behandelt werden.

sehen ist, oder auch, ob spätere Schadensentstehung nach einem Gefahrereignis adaequate Folge dieses Ereignisses ist oder selbst Gefahrereignis, damit selbst Versicherungsfall ist. Zu merken ist hier: der Versicherungsfall ist grundsätzlich ein Ereignis. Das scheint an sich selbstverständlich und Wiederholung des bereits Gesagten. Trotzdem können Schwierigkeiten entstehen. Wenn ein Seeunfall irgendwelchen Schaden nach sich zieht, und im späteren Verlauf der Dinge noch weiteren Schaden oder der erste Schaden wieder neuen Schaden, so liegt nicht etwa ein neuer Versicherungsfall vor. Ein neuer Versicherungsfall ist nur dann gegeben, wenn tatsächlich eine neue Gefahr sich verwirklicht hat. Wann dies geschehen ist, ob ein Schaden auf ein früheres Gefahrereignis oder ein inzwischen eingetretenes neues Moment zurückzuführen ist, ist Frage des Kausalzusammenhanges. Der im Versicherungsrecht angeblich geltende Grundsatz, causa proxima non remota spectatur, verführt hier zu leicht dazu, eine Unterbrechung des Kausalzusammenhanges anzunehmen, in Fällen, wo dies nicht gerechtfertigt ist. Ist z. B. ein Schaden als nach dem natürlichen Verlauf der Dinge notwendige oder auch nur zu erwartende Folge eines Versicherungsfalls eingetreten, so bleibt er allein Folge dieses Versicherungsfalls, auch wenn er hätte abgewendet werden können, aber durch Schuld des Versicherten oder aus andern hier nicht interessierenden Gründen nicht abgewendet worden ist. Der Kausalzusammenhang hätte unterbrochen werden können, aber er ist nicht unterbrochen worden. Wird in den natürlichen Lauf der Dinge nicht durch Personen oder normaliter nicht zu erwartende Ereignisse eingegriffen, dann sind auch zeitlich späte und durch rechtzeitiges Eingreifen vermeidbare, also insofern nicht notwendige Folgen, direkte Folgen des in Betracht kommenden Ereignisses, also, wenn es sich um einen Versicherungsfall handelt, die bekannten tatsächlichen Folgen des Versicherungsfalls, nicht ein neuer oder Folge eines neuen vom Versicherten herbeigeführten Versicherungsfalls. Die Frage der Haftung des Versicherers für abwendbare, aber schuldhaft nicht abgewendete Folgen des Versicherungsfalls wird selbstverständlich durch diese Feststellung nicht berührt.

Nicht nur, wenn ein Seeunfall eine Reihe von deutlich trennbaren Schadensfolgen nach sich zieht, bedarf es besonderen Hinweises, daß der Versicherungsfall nur ein Ereignis sei, sondern auch dann, wenn mehrere Interessen gleichzeitig versichert sind. Sind Interessen verschiedener Art, z. B. Kasko und Bodmereigelder eines Schiffes beim gleichen oder bei verschiedenen Versicherern versichert, so werden beide Interessen bereits angegriffen, wenn das Schiff beschädigt wird oder verloren geht. Erleidet das Schiff einen Seeunfall, so ist zweifellos, daß der Versicherungsfall für den Kaskoversicherer eingetreten ist. Er ist aber gleichzeitig bereits für den Versicherer der Bodmereigelder eingetreten, auch wenn sich erst Wochen, unter Umständen sogar erst Monate später herausstellt, ob oder daß der Erlös des beschädigten Schiffes nichr mehr zur Befriedigung der Bodmereiforderung ausreicht. Der Seeunfall ist auch für den Versicherer dieser Forderung der Unfall, für den er haftet, das Gefahrereignis und die Schadensursache. Die Wertminderung des Schiffes, die der Bodmereiforderung teilweise die Deckung entzieht, ist die Folge des Versicherungsfalles, der

Schaden. Dieser Schaden wird durch den Mindererlös bei der Versteigerung festgestellt; er entsteht nicht etwa erst hier. Doch braucht auf diesen Punkt kein Gewicht gelegt zu werden. Der Frage, ob die Erzielung eines Mindererlöses bei der Versteigerung, Entstehung oder Feststellung von Schaden sei, würde Bedeutung nur dann zukommen, wenn Eintritt des Versicherungsfalles erst mit der Entstehung von Schaden angenommen würde, nicht, wie es hier geschieht, bereits mit der Verwirklichung der Gefahr ohne Rücksicht darauf, ob und inwieweit Schaden entsteht.

Übrigens ist die hier allein aus rechtlichen Gründen vertretene Anschauung auch für die Praxis befriedigender, als andere Lösungen. Es würde beim Zusammentreffen von Versicherungen verschiedener Interessen am selben Schiff, besonders beim gleichen Versicherer und gleichen Versicherten — Versicherung von Kasko und Fracht wird häufig zwischen den gleichen Parteien liegen — unerquicklich, ja unmöglich erscheinen, an ein tatsächliches Ereignis, einen Seeunfall, den Eintritt einer Reihe von verschiedenen Versicherungsfällen zu knüpfen, womöglich unter Umständen den Versicherer für den einen Versicherungsfall haften zu lassen, für den andern nicht mehr, weil er nach Beendigung der Versicherungsdauer eingetreten sei.

Rechtliche Schwierigkeiten wird die Feststellung des Versicherungsfalles im übrigen, soweit Gefahrereignisse als Verwirklichung der typischen Seegefahren wie Sturm, Sturzseen, Eis, Strandung, Aufgrundlaufen, Eindringen von Seewasser und auch Feuer, Blitzschlag und dergleichen in Betracht kommen, nicht bereiten.

Anlaß zu Zweifeln dagegen gibt die Frage, wann der Versicherungsfall eingetreten sei, bei der Entstehung von indirektem Kollisionsschaden. Der Kaskoversicherer hat in der Regel nur Schäden zu ersetzen, die dem Versicherten durch Entziehung, Vernichtung oder Beschädigung der versicherten Sache entstehen. Er haftet aber auch von altersher kraft ausdrücklicher Bestimmung[1]) für indirekten Kollisionsschaden. Hier hat der Versicherer nicht die gewöhnlichen Substanzschäden, sondern Vermögensschaden zu ersetzen, der dem Versicherten dadurch erwächst, daß er im Falle eines Zusammenstoßes von Schiffen den einem Dritten entstandenen Schaden zu ersetzen hat. Die Versicherung von indirektem Kollisionsschaden ist damit Haftpflichtversicherung[2]). Trotzdem, diese Haftpflichtversicherung ist von jeher als Seeversicherung behandelt worden. Sie ist zu beurteilen nach den Vorschriften des Seeversicherungsrechts. Vorschriften des VVG. sind generell nicht auf sie anwendbar. Ihre analoge Anwendung ist in wenigen Fällen möglich, soweit die betreffenden Vorschriften sich als selbstverständlich aus der jeweiligen Interessenlage ergeben[3]). Die Haftpflichtversicherung des VVG. ist Rechtsschutzversicherung. Für den Versicherer dort ist unter allen Umständen ein Versicherungsfall eingetreten, wenn ein Anspruch gegen den Versicherten erhoben wird. Bei der Seeversicherung, die den indirekten Kollisionsschaden deckt, ist die Lage anders. Der Versicherer hat dort nach positiver Regelung nur Schaden zu ersetzen, den der Versicherte im Falle einer Kollision von Schiffen erleidet

[1]) § 821 Abs. II Ziff. 7. HGB., § 73 ADS.
[2]) Ritter, S. 981ff. [3]) Ritter, S. 982.

durch Entstehung von Haftpflichtansprüchen. Im VVG. bestehen zwei Möglichkeiten, den Eintritt des Versicherungsfalles anzunehmen. Als Verwirklichung der Gefahr kann hier angesehen werden entweder bereits der Eintritt eines Ereignisses, das objektiv die Erhebung von Haftpflichtansprüchen gegen den Versicherten erwarten läßt oder erst die unmittelbare Erhebung von Haftpflichtansprüchen. Die hier vertretene Ansicht über den Versicherungsfall läßt im Gegensatz zu Georgii[1]) und seinen Anhängern[2]) als Ereignis der Gefahrverwirklichung bereits den Eintritt von Ereignissen erscheinen, die die Erhebung von Haftpflichtansprüchen erwarten lassen[3]). Sind der Erhebung von Haftpflichtansprüchen solche Ereignisse nicht vorausgegangen (weil beispielsweise der Anspruch gegen den Versicherten auf Grund eines Irrtums erhoben wird, in Wahrheit jemand anders haftpflichtig ist), dann ist der Versicherungsfall erst mit der Erhebung der Haftpflichtansprüche gegeben, dann ist erst die Erhebung des Anspruchs das Ereignis, das geeignet ist, den Versicherten mit rechtskräftig festgestellten — der Ausgang eines Prozesses ist ja stets ungewiß, ein Fehlurteil, eventuell auch ein Versäumnisurteil stets möglich — und vollstreckbaren Haftpflichtansprüchen zu belasten. Der hier vertretenen Ansicht steht übrigens nicht entgegen, daß gemäß § 153 VVG. und den Allgemeinen Versicherungsbedingungen die Anzeige des Versicherungsfalles erst nach der Erhebung eines Haftpflichtanspruchs zu erfolgen hat. Diese Regelung spricht vielmehr dafür, daß die in der Haftpflichtversicherung besonders häufig möglichen schadenfreien Versicherungsfälle grundsätzlich, wie bereits am andern Orte ausgeführt wurde, nicht anzeigepflichtig sind.

Wie ist nun die Lage in der Seeversicherung bei der Entstehung von indirektem Kollisionsschaden? Wann ist dort der Versicherungsfall eingetreten? Ritter beantwortet diese Frage in negationsreichen Ausführungen[4]), der Versicherungsfall sei nicht schon eingetreten, wenn die Schiffe zusammengestoßen seien. Er sei nicht erst eingetreten, wenn der Versicherte Schaden ersetzt habe. Er sei eingetreten, wenn der Dritte den — begründeten — Schadensersatzanspruch geltend mache. Er sei nicht eingetreten, wenn der Dritte einen unbegründeten Schadensersatzanspruch geltend mache. Diese Ansicht ist von Ritters Standpunkt aus, der als Versicherungsfall nur ein Ereignis ansieht, daß die Zahlungspflicht des Versicherers begründet, konsequent. Praktisch ist sie unbrauchbar. Sie würde zu dem Ergebnis führen, daß bei der Erhebung von Haftpflichtansprüchen gegen den Versicherten erst mit rechtskräftiger Entscheidung des zwischen Versicherten und Kollisionsgläubiger so gut wie stets entstehenden Prozesses entschieden würde, ob ein Versicherungsfall vorgelegen habe. Die an den Eintritt des Versicherungsfalles geknüpften Rechtsfolgen, die Pflichten, Auskunft zu erteilen, Weisungen einzuholen und Schaden abzuwenden, — anzeigepflichtig ist die Kollision unter allen Umständen als

---

[1]) S. 18.

[2]) Peef S. 63ff.; Giercke, in ZHR. 60 S. 33ff.; das RG. nähert sich in Bd. 114 S. 119 nur scheinbar dieser Ansicht. Seine zweifellos richtige Entscheidung widerspricht der entgegengesetzten Meinung nicht.

[3]) Im Effekt gl. Hagen, Bd. II S. 313; Bruck, S. 395; eine vermittelnde Stellung nimmt Ehrenberg ein in Versicherung und Geldwirtschaft 1927 S. 179.

[4]) Ritter, S. 982f.

gefahrerheblicher Unfall — könnten, solange über den Eintritt des Versicherungsfalles keine Klarheit herrscht und der Versicherte den Standpunkt vertritt, der erhobene Haftpflichtanspruch sei unberechtigt, nicht ausgelöst werden. Das Interesse beider Parteien aber erfordert, daß über den Eintritt des Versicherungsfalles sofort Klarheit herrscht, daß die genannten Verpflichtungen oder genauer Obliegenheiten sofort erfüllt werden. Der Ansicht Ritters kann daher nicht gefolgt werden. Es ist vielmehr zu deduzieren: Der Versicherte hat durch den Versicherungsvertrag Schutz gesucht gegen die Gefahr, infolge einer Schiffskollision haftpflichtig zu werden. Das Ereignis, mit dem sich diese Gefahr verwirklicht, ist die Kollision. Sie ist geeignet, das Vermögen des Versicherten unmittelbar mit Haftpflichtansprüchen zu belasten und sie läßt erwarten, daß diese Ansprüche erhoben werden. Sie ist, wie auch das Reichsgericht[1]) richtig ausführt, der Seeunfall, auf den die Haftung des Versicherers zurückzuführen ist, der Versicherungsfall. Sie löst daher auch bereits die genannten Rechtsfolgen aus. Gleichgültig für diese Feststellungen ist, ob die Kollision die befürchteten Folgen tatsächlich nach sich zieht, ob Haftpflichtansprüche gegen den Versicherten tatsächlich erhoben werden. Nicht der Eintritt dieser befürchteten Schadensfolgen, sondern die Tatsache, daß sie Ereignis der Gefahrverwirklichung ist, charakterisiert die Kollision als Versicherungsfall.

Wird dieser Ansicht gefolgt, so bereitet die Feststellung des Versicherungsfalles keinerlei Schwierigkeiten, wenn eine Kollision tatsächlich erfolgt ist. Anders, wenn eine solche nicht stattgefunden hat oder bestritten wird. Da die Versicherung von indirektem Kollisionsschaden keineRechtsschutzversicherung ist, der Versicherer vielmehr nur Schaden zu ersetzen hat, den der Versicherte dadurch erleidet, daß er infolge einer (tatsächlich vorgekommenen) Kollision seinerseits Schaden tatsächlich ersetzen muß, könnte an sich angenommen werden, ein Ereignis der Gefahrverwirklichung sei nicht eingetreten, ein Versicherungsfall liege nicht vor. Der Versicherer hat daher, wie auch Ritter[2]) mit Recht angibt, grundsätzlich die Möglichkeit, im Falle der Inanspruchnahme durch den Versicherten diesem entgegenzuhalten, eine Kollision habe nicht stattgefunden, eventuell, er sei im Rechtsstreit mit dem Kollisionsgläubiger zu Unrecht verurteilt worden. Der Versicherte ist aber in der Lage, dem Versicherer diesen Einwand dadurch abzuschneiden, daß er im Rechtsstreit mit dem Kollisionsgläubiger dem Versicherer den Streit verkündet. Hat er das getan und praktisch wird er das stets tun, dann kann der Versicherer auch bei objektiv unberechtigter Verurteilung des Versicherten diesem nicht entgegenhalten, er sei zu Unrecht verurteilt, eine Kollision habe nicht stattgefunden. Hat der Versicherte in einem Rechtsstreit mit einem angeblichen Kollisionsgläubiger dem Versicherer den Streit verkündet und ist dann verurteilt worden, Schaden zu ersetzen, auf Grund eines angeblichen Zusammenstoßes von Schiffen, dann steht zwischen ihm und dem Versicherer fest, daß dieser Zusammenstoß stattgefunden hat, auch wenn sich nachträglich nachweisen läßt, daß er in Wahrheit nicht stattgefunden hat, dann steht m. a. W.

[1]) RG. Bd. 83 S. 169.

[2]) S. 983.

zwischen Versichertem und Versicherer fest, daß sich die Gefahr verwirklicht hat. Zu diesem Ergebnis kann jede Klage auf Ersatz von Kollisionsschaden führen; der Ausgang eines Prozesses läßt sich, wie auch oben bereits gesagt, nie mit Sicherheit vorausbestimmen. Jede derartige Klage ist als geeignet anzusehen, solche Folgen nach sich zu ziehen, zwischen Versichertem und Versicherer verbindlich festzustellen, daß der Versicherte auf Grund eines Zusammenstoßes von Schiffen einem Dritten Schaden zu ersetzen habe. Ist einer Klage auf Ersatz von Kollisionsschaden nicht bereits eine Kollision vorausgegangen, die Versicherungsfall ist, dann ist spätestens die Klagerhebung als Ereignis anzusehen, das geeignet ist, den Versicherten haftpflichtig zu machen auf Grund einer Kollision, mithin als Ereignis der Gefahrverwirklichung, als Versicherungsfall. Praktisch wird übrigens ein solcher, in der übrigen Haftpflichtversicherung häufigerer Fall bei den tatsächlichen Verhältnissen der Seeschiffahrt verhältnismäßig selten sein. In der Regel wird die Feststellung genügen, daß mit der Kollision der Versicherungsfall eingetreten sei.

Die Ausführungen über das Wesen der Versicherung von indirektem Kollisionsschaden sind auch zutreffend für die Haftung des Versicherers für Beiträge zur großen Haverei und die zur großen Haverei gehörenden Aufopferungen der versicherten Sache. Der Versicherer haftet im Falle der großen Haverei für den Vermögensschaden, der dem Versicherten dadurch erwächst, daß er seinen Havarie-Grosse-Genossen den Havariegrossebeitrag zu entrichten hat. Also auch die Versicherung von Havariegrossebeiträgen ist insofern Haftpflichtversicherung. Aber auch sie ist von jeher als Seeversicherung behandelt worden, auch sie ist nach den Vorschriften des Seeversicherungsrechts zu beurteilen. Auch bei ihr ist der Versicherungsfall nicht erst eingetreten, wenn die Beiträge entrichtet sind oder wie Ritter[1]) annimmt, wenn sie entrichtet werden müssen, sondern bereits dann, wenn ein Gefahrereignis eingetreten ist, das größeren Schaden zu stiften unmittelbar droht und zwecks Rettung von Schiff, Fracht und Ladung Aufopferungen erforderlich macht. Das ergibt übrigens in diesem Fall schon die Fassung des § 29 ADS., der bestimmt, der Versicherer hafte für Havariegrossebeiträge nur insoweit, als durch die Havariemaßregeln ein ihm zur Last fallender Schaden habe abgewendet werden sollen. Es muß also bereits eine Gefahr sich verwirklicht haben, für die der Versicherer haftete, ein Ereignis eingetreten sein, das unmittelbar zum Schaden zu führen drohte; kurz der Versicherungsfall muß eingetreten sein. Die Havariegrossebeiträge sind Schadensfolgen dieses Ereignisses, nicht die üblichen Substanzschäden, sondern Vermögensbelastungen, die entstanden sind infolge von Maßnahmen, die zur Abwendung größeren Schadens getroffen wurden. Für sie mußte der Versicherer schon grundsätzlich haften. Ritter[2]) führt nicht mit Unrecht aus, das Seeversicherungsrecht hätte dieser Vorschrift nicht bedurft, es habe bei den allgemeinen Grundsätzen des Seeversicherungsrechts bewenden können. Unverständlich ist, wie er trotzdem bei seiner Meinung über den Eintritt des Versicherungsfalles verharrt und annimmt, der Versicherungsfall sei erst eingetreten, wenn die

[1]) S. 499. [2]) S. 498.

Beiträge zu entrichten seien. Man denke folgenden, durchaus nicht seltenen Fall: Ein gegen Seegefahr versichertes Schiff wird in schwerem Wetter beschädigt und muß Aufopferungen vornehmen, durch die es bzw. der Reeder, der Versicherte, mit einer Beitragspflicht belastet werden. Derselbe Versicherer hat den durch die Beschädigung und den durch die Beiträge entstandenen Schaden zu ersetzen. Soll hier zwischen denselben Parteien auf Grund desselben Ereignisses, des Wetters, das das Schiff beschädigte und die Aufopferungen erforderlich machte, zweimal ein Versicherungsfall eingetreten sein, sollen zweimal die gesamten Rechtsfolgen des Versicherungsfalles aufgelöst sein, einmal mit der Beschädigung und das andere Mal mit der berechtigten — auch hier ergeben sich dieselben Unzuträglichkeiten, die oben[1]) bei der Haftung für indirekten Kollisionsschaden dargelegt wurden — Einforderung der Havariegrossebeiträge? Nein, der Versicherungsfall kann, wie bereits[2]) ausgeführt wurde, nur ein Ereignis sein, und das ist der Seeunfall oder das Gefahrereignis, das die Aufopferungen erforderlich machte.

Konnte in den bisherigen Untersuchungen unter Umständen zweifelhaft sein, wann der Versicherungsfall eingetreten war, worin er bestand, so herrschte doch niemals Ungewißheit darüber, daß er eingetreten war. Wesentlich komplizierter ist die Lage in den Fällen, der §§ 861, 862 HGB., 72, 73 ADS., also in den Fällen, die den Abandon des Versicherten rechtfertigen. Hier ist nicht nur ungewiß, worin der Versicherungsfall besteht, sondern ob die Haftung des Versicherers überhaupt vom Eintritt eines Versicherungsfalls abhängig ist. Grundsätzlich haftet der Versicherer nur, wenn sich eine der von ihm übernommenen Gefahren verwirklicht hat, ein Gefahrereignis, der Versicherungsfall eingetreten ist. Von dieser Regel scheint hier eine Ausnahme vorzuliegen. Das wäre an sich nicht unmöglich. Ist ein Schiff verschollen, angehalten, zurückgehalten oder durch Seeräuber genommen, so scheint, zum mindesten nachweisbar, selbst im Falle der Verschollenheit ein Versicherungsfall nicht eingetreten zu sein. Der Versicherte ist nach wie vor vor dem Gesetz Eigentümer des Schiffes und das Schiff ist, oft unbeschädigt, irgendwo außerhalb des Machtbereichs des Versicherten. Eine Leistungspflicht des Versicherers könnte daher an sich nicht begründet sein. Damit wäre aber den Bedürfnissen der Praxis nicht gedient. Ist ein Schiff verschollen, angehalten oder ist eine der übrigen Voraussetzungen des Abandons eingetreten, so ist der Versicherte tatsächlich geschädigt. Die versicherte Sache ist seiner Verfügungsgewalt entzogen und es ist zum mindesten völlig ungewiß, ob und wann er sie wieder zur Verfügung haben wird, oft so gut wie sicher, daß dies nie geschehen wird. Die versicherte Sache ist daher, wenn sie auch nominell noch dem Versicherten zusteht, nicht mehr für ihn verwertbar, ihr Wert ist für ihn auf Null gesunken. Der Versicherte ist damit in der gleichen Lage, wie wenn ein Versicherungsfall eingetreten wäre, der zum Totalverlust geführt hätte. Der Versicherte bedarf des Versicherungsschutzes auch für diese Fälle. Ihm diesen Schutz zu gewähren, sind schon frühzeitig Vorschriften entsprechend denen der §§ 861, 862 HGB., 72, 73 ADS. geschaffen worden. Die Praxis,

[1]) oben S. 36f. [2]) oben S. 34f.

auf der diese Gesetzesvorschriften oder Vertragsbedingungen beruhen, kümmerte sich nicht um ihre innere Konstruktion. Nachdem diese Regeln zum Bestandteil des heutigen Rechts geworden sind, könnte der Theoretiker sagen, kraft positiver Vorschrift bestehe hier eine Ausnahme von der allgemeinen Regel. Es sei hier eine Leistungspflicht des Versicherers statuiert ohne vorausgehenden Versicherungsfall. So spricht aber der Theoretiker nur ungern. Nur wenn sich trotz bestem Willen und Aufwendung allen verfügbaren Scharfsinns eine Regeldurchbrechung nicht durch eine Konstruktion rechtfertigen läßt, pflegt er sich auf die positive Vorschrift zu stützen. Es entstand der konstruierte Versicherungsfall[1]), vor ihm der sehr viel häufiger genannte konstruktive[2]), auch als fiktiv[3]), präsumiert[4]) oder antizipiert[5]) umschriebene Verlust. Von ihm, dem als konstruktiv oder ähnlich umschriebenen Verlust wird noch heute in der Mehrzahl der Fälle gesprochen. Auf diese Meinungen wird noch unten zurückzukommen sein. Hier können sie nicht helfen. Die Zahlungspflicht des Versicherers ist bedingt durch den Eintritt des oder eines Versicherungsfalles, nicht eines Verlustes. Verluste sind stets nur Folgen eines Versicherungsfalls, brauchen aber nicht auf einen Versicherungsfall zurückzuführen sein. Ritter spricht daher aus einem richtigen Gedanken heraus an Stelle von einem konstruktiven Verlust von einem konstruierten Versicherungsfall. Trotzdem kann Ritter nicht gefolgt werden. Es ist nicht nötig, einen Versicherungsfall zu konstruieren, da bereits ein solcher gegeben ist. Die Theorie, die vom fiktiven über den präsumierten und antizipierten Verlust zum konstruierten Versicherungsfall ging, hat sich dieser Erkenntnis mehr und mehr angenähert, bis schließlich Hellberg[6]) sie, freilich ohne sich ihrer Bedeutung voll bewußt zu sein, teilweise ausgesprochen hat. Er spricht von den Abandon-Ereignissen als Versicherungsfällen. Das ist richtig. Die Lösung des Problems ist einfach. Die Praxis hat gezeigt, daß der Versicherte auch schutzbedürftig ist, wenn sein Schiff verschollen, angehalten oder von Seeräubern genommen ist. Sein Interesse wird bedroht, gefährdet. Sie sind Gefahren, gegen die er Versicherungsschutz sucht. Die Verschollenheit, Anhaltung oder Nehmung des Schiffes ist die Verwirklichung dieser Gefahren, ist der Fall, für den die Versicherung genommen ist, der Versicherungsfall. Wann ist nun die Verwirklichung der Gefahren eingetreten, erst mit dem Ablauf der Abandonfristen oder bereits vorher? Die Fassung von Gesetz und Bedingungen, die dem Versicherten einen Anspruch auf die Versicherungssumme erst nach Ablauf der Abandonfristen gewähren, legt die Vermutung nahe, der Versicherungsfall sei erst mit Ablauf der Fristen eingetreten. Überlegungen zeigen, daß die Vermutung nicht immer richtig sein kann. Am deutlichsten ergibt sich dies im Falle der Nehmung des Schiffes durch Seeräuber. Ist ein Schiff durch Seeräuber genommen, so kann der Versicherte von vornherein darauf rechnen, daß es ihm endgültig verloren, seine Beziehung zum Schiff endgültig unterbunden ist. Die Nehmung war das Ereignis, das geeignet war, zum Schaden zu führen, das nach natürlichem Verlauf der Dinge zum Schaden führen mußte. Sie war das befürch-

[1]) Ritter, S. 226.
[2]) Pappenheim, ZHR. 44, 603.
[3]) Aschenheim, S. 2, 3.
[4]) Kitada, S. 11/12.
[5]) Niemeyer, HRZ. 1918 S. 75.
[6]) S. 32f.

tete Ereignis, nicht etwa die Wahrscheinlichkeit, daß das Schiff im Falle einer Nehmung nicht binnen zwei Monaten zurückgewonnen werde. Mit Ablauf der Frist verwirklicht sich nicht die Gefahr, daß das Schiff nicht zurückgewonnen werde, sondern es treten die Rechtsfolgen der Verwirklichung der Gefahr ein, daß das Schiff genommen werde.

Zweifelhafter ist die Lage in den heute wohl allein noch wichtigen Fällen der Anhaltung oder Zurückhaltung von Schiffen. Eine Anhaltung oder Zurückhaltung kann stets, aber sie braucht nicht notwendig dazu zu führen, daß das Schiff für unabsehbare Zeit der Verfügungsgewalt des Versicherten entzogen wird. Die Anhaltung und Zurückhaltung sind nicht Ereignisse, die generell geeignet sind, zum Verlust zu führen, oder nach natürlichem Verlauf der Dinge notwendig zum Verlust führen müssen, wenn auch Fälle denkbar sind, in denen von vornherein zu übersehen ist, daß die Anhaltung mit Sicherheit zum Verlust führen wird. Solch ein Fall war beispielsweise der unten[1]) noch ausführlich zu besprechende Romulusfall. Da der Versicherungsfall als ein Ereignis der Verwirklichung von Gefahren bezeichnet ist, das nach natürlichem Verlauf der Dinge zum Schaden führt, könnte man annehmen, der Versicherungsfall sei nicht bereits eingetreten mit der Verwirklichung der Gefahr der Anhaltung oder Zurückhaltung, sondern erst, um einmal diesen Ausdruck zu prägen, mit der Verwirklichung der Gefahr der Zurückhaltung auf unbestimmte Zeit, also mit Ablauf der Abandonfrist. Diese Annahme würde eine sehr unerwünschte Konsequenz haben. In Fällen, in denen die Anhaltung oder Zurückhaltung des Schiffes, wie von vornherein feststeht, mit Sicherheit zum Verlust führen muß, würde stets bereits die Anhaltung bzw. Zurückhaltung des Schiffes Versicherungsfall sein. Tritt nun in diesen Fällen der Verlust nicht unmittelbar nach der Anhaltung oder Zurückhaltung ein, etwa weil sich die prisengerichtliche Aburteilung des Schiffes verzögert, so ist es möglich, daß sich auch noch die Gefahr der Zurückhaltung auf unbestimmte Zeit verwirklicht. Dasselbe Ereignis würde dann zweimal zum Versicherungsfall führen, einmal unmittelbar mit seinem Eintritt, das zweite Mal mit Ablauf der Abandonfrist. Der Versicherte könnte Ansprüche, die er bei Eintritt des ersten Versicherungsfalles durch Versäumung der Erfüllung von Obliegenheiten verloren hätte, bei Eintritt des zweiten Versicherungsfalles erneut erheben. Bereits im anderen Zusammenhang[2]) ist ausgesprochen, daß Versicherungsfall stets nur ein Ereignis sei, daß nicht ein Ereignis mehrmals zum Versicherungsfalle führen könne. Diese Feststellung trifft auch für das hier behandelte Gebiet zu. Der Versicherungsfall ist bereits mit der Anhaltung oder Zurückhaltung, nicht erst und nicht nochmals mit Ablauf der Abandonfrist eingetreten. Die Gefahr, die der Versicherte fürchtet, gegen die er Versicherungsschutz sucht, ist, daß das Schiff seiner Verfügungsgewalt entzogen werde. Bereits mit der Anhaltung oder Zurückhaltung ist das Schiff seiner Verfügungsgewalt entzogen, seine Beziehung zum Schiff unterbunden, sein Interesse beeinträchtigt, kurz ist er geschädigt. Verkehr und Gesetz sehen diesen Schaden, sofern er nur von begrenzter Dauer ist und bald wieder völlig behoben werden kann oder wird, nicht für

---

[1]) unten S. 42f. [2]) siehe oben S. 34.

so bedeutend an, daß er bereits das Verlangen des Versicherten auf die Versicherungssumme rechtfertigte. Erst wenn sich aus dem Ablauf der Abandonfrist ergibt, daß die Anhaltung oder Zurückhaltung nicht nur zu einer schnell vorübergehenden, bald zu behebenden Schädigung geführt hat, wird der Anspruch des Versicherten auf die Versicherungssumme als berechtigt anerkannt. Dadurch wird aber die Tatsache nicht berührt, daß bereits die Anhaltung bzw. Zurückhaltung das Ereignis der Geefahrverwirklichung ist. Ebenso, wie im Fall der Nehmung des Schiffs durch Seeräuber in der Nehmung, liegt hier der Versicherungsfall bereits in der Anhaltung oder Zurückhaltung des Schiffes und nur die Rechtsfolge der Begründung der Zahlungspflicht des Versicherers tritt erst nach Ablauf der Abandonfrist ein.

Es sollte keines besonderen Hinweises bedürfen, daß das gleiche, was über die Nehmung eines Schiffes durch Seeräuber sowie seine Anhaltung oder Zurückhaltung durch hohe Hand ausgeführt ist, auch bezüglich der Verwirklichung von Kriegsgefahren gilt. Wird ein Schiff von einer kriegführenden Macht genommen, später prisengerichtlich abgeurteilt und für gute Prise erklärt, so verwirklicht sich die Gefahr, daß dem Versicherten infolge von Kriegsgefahren die Verfügungsgewalt über das Schiff entzogen werde, bereits mit der Nehmung. Sie ist der Versicherungsfall, wie im Ergebnis gleichlautend, auch Boyens[1]) unter Berufung auf das Reichsgericht[2]) richtig angibt. Sie rechtfertigt aber noch nicht den Anspruch des Versicherten auf die Versicherungssumme, da noch nicht feststeht, ob die Beeinträchtigung des versicherten Interesses durch die Nehmung als dauernde Schädigung bestehen bleiben wird oder nicht. Die Versicherungssumme kann der Versicherte erst verlangen, wenn das Schiff für gute Prise erklärt und ihm damit endgültig verloren, oder wenn die Abandonfrist gemäß § 121 Abs. 6 ADS. abgelaufen ist, die Beeinträchtigung sich also nicht als schnell vorübergehende erwiesen hat.

Trotz der scheinbar klaren Rechtslage sind gerade auf diesem Gebiet im Anschluß an den Romulusfall große Streitigkeiten entstanden, die freilich bei richtiger Inangriffnahme des Problems vermeidbar gewesen wären. Der Tatbestand war folgender: Während des russisch-japanischen Krieges war der deutsche Dampfer „Romulus" mit Kohlen beladen für eine Reise von Cardiff nach Wladiwostok. In den Kurilen wurde der Dampfer schwer beschädigt. Der Schiffer beschloß, einen japanischen Hafen als Nothafen anzulaufen. Auf dem Wege dorthin wurde der „Romulus" von einem japanischen Kreuzer genommen und nach einem andern als dem beabsichtigten Hafen dirigiert. Dieser Hafen wurde nicht mehr erreicht. Das Schiff drohte, vorher wegzusinken, mußte deshalb auf Strand gesetzt werden. Es wurde dann durch Urteil für gute Prise erklärt und von der japanischen Regierung verkauft. Beim Versuch des Käufers, das auf Strand gesetzte Schiff abzuschleppen, sank der „Romulus" unrettbar. Der Reeder hatte für seine verschiedenen Interessen Versicherung genommen beim Nederlandschen Lloyd und Gen. in Hamburg mit der Klausel „nur für Seegefahr" und bei einer englischen Gesellschaft in London mit der Klausel „warranted

[1]) ZRH. Bd. 76 S. 411. [2]) Bd. 47 S. 169.

free from capture, seizure and detention". Beide Versicherer lehnten die Zahlung ab mit der Begründung, der Versicherte habe den Dampfer nicht durch eine Seegefahr, sondern durch die Nehmung verloren. Der Prozeß ist in Deutschland und England bis zur letzten Instanz durchgefochten worden. Das Reichsgericht wie das House of Lords haben eingehend die Frage untersucht, wann der Totalverlust des Schiffes eintrete. Das Reichsgericht ist zu dem Ergebnis gelangt, ein Schiff gehe noch nicht durch die Nehmung, sondern erst durch die prisengerichtliche Aburteilung dem Eigentümer verloren. Bis dahin bleibe er Eigentümer. Im streitigen Fall habe daher der Reeder seinen Dampfer „Romulus" nicht schon durch die Nehmung, sondern erst durch das Aufstrandsetzen verloren, mithin durch eine Seegefahr, für die der Versicherer hafte. Das House of Lords hat ausgeführt, der Reeder verliere zwar sein Eigentum endgültig erst mit der Kondemnation; doch falls eine Nehmung durch eine rechtsgültige Kondemnation bestätigt werde, sei der Tag des Verlustes zurückzudatieren auf den Tag der Nehmung. Mit der Nehmung, die notwendig — Kohlen waren nach Ansicht beider kriegführender Staaten Konterbande — zum Verlust führen mußte, habe der Reeder das Schiff bereits verloren. Das nachträgliche Aufstrandsetzen habe ihn daher nicht mehr berührt; die Klage gegen die Versicherer sei abzuweisen, da hiernach der Reeder das Schiff durch eine Kriegsgefahr, nicht durch eine Seegefahr verloren habe. Mit diesen Ausführungen hat sich das englische Gericht in Annäherung an den richtigen Gedanken vom typischen Verlustbegriff, von der reinen Schadensentziehung getrennt, den der englischen Terminologie in gleicher Bedeutung noch nicht bekannten Versicherungsfall gesucht. Tatsächlich wäre die richtige Fragestellung nicht gewesen: Wann ist der Totalverlust eingetreten? sondern: Ist überhaupt und womit ist für die nicht für Nehmung bzw. nur für Seegefahr haftenden Versicherer ein Versicherungsfall eingetreten? Hat dieser Versicherungsfall zum Schaden geführt? Die Frage ist von den erkennenden Gerichten nicht erkannt, geschweige denn beantwortet, ebensowenig von dem die Entscheidung des Reichsgerichts in schärfster Weise angreifenden Wittmaack[1]). Boyens[2]) hat sie geahnt, doch nicht richtig beantwortet, Ritter[3]) nicht völlig erkannt, aber mit sicherem Instinkt richtig gelöst. Das Ereignis, das zum Schaden geführt hat, war die Eisbeschädigung des „Romulus" in den Kurilen. Diese Beschädigung war so schwer, daß sie notwendig zum Verlust des Schiffes führen mußte und sie hat auch zum Verlust geführt, wie sich aus dem Verlauf der Dinge ergibt. Diese Eisbeschädigung war die Verwirklichung einer Seegefahr, war der Versicherungsfall. Für ihre Folge, den Verlust des Schiffes durch die Strandung hätten beide Versicherer haften müssen. Die Entscheidung des Reichsgerichts war insofern ihrem materiellen Inhalte nach wenn auch nicht in den Gründen richtig, die des House of Lords falsch. Freilich hat sich nach der Verwirklichung der Seegefahr, der Eisbeschädigung in den Kurilen auch noch eine Kriegsgefahr verwirklicht; der „Romulus" ist genommen worden. Aber die Verwirklichung dieser Kriegsgefahr konnte nicht mehr zum Schaden führen, da vorher bereits mit der Strandung Verlust infolge des Seeunfalls eintrat.

1) ZHR. Bd. 76 S. 337ff.

2) Boyens, ZHR. 76 S. 411, 412.

3) S. 480.

Unrichtig war die Feststellung des House of Lords, der Verlust infolge der Strandung habe den Versicherten nicht mehr berührt im Hinblick auf die Nehmung. Gerade umgekehrt hätte festgestellt werden müssen; die Nehmung berührte den Versicherten nicht mehr im Hinblick auf den infolge der Eisbeschädigung unvermeidlichen Verlust. Diese Lösung streift übrigens die, wie auch am anderen Ort[1]) betont wurde, außerordentlich wichtigen Probleme des Kausalzusammenhangs. Mit Recht weist Ritter in diesem Zusammenhang[2]) darauf hin, daß der im Versicherungsrecht nach seiner Ansicht herrschende Grundsatz von der Causa proxima nicht überspannt werden dürfe. Er nähert sich damit der von Vidal[3]) begründeten und auch hier vertretenen und gerade aus dem Romulus-Fall als Nutzanwendung zu entnehmenden Auffassung, daß der alte Grundsatz von der causa proxima bei richtiger nicht zu engherziger Auslegung mit der heute herrschenden adäquaten Verursachungstheorie vereinbar sei.

In den Fällen der §§ 862 HGB., 73, 121 ADS. tritt also der Versicherungsfall bereits mit Anhaltung, Zurückhaltung oder Nehmung des Schiffs, nicht erst mit Ablauf der Abandonfristen ein. Anders ist die Lage, wenn das Schiff verschollen ist. Verschollenheit des Schiffes ist die Gefahr, die der Versicherte hier fürchtet, gegen die er Versicherungsschutz sucht. Diese Gefahr ist nicht bereits verwirklicht, wenn das Schiff seinen Bestimmungshafen nicht binnen der Zeit erreicht, die es unter gewöhnlichen Verhältnissen zur Zurücklegung des Weges von dem Ort, von dem die letzte Nachricht eingegangen ist, bis zum Bestimmungshafen gebrauchen würde, also noch nicht mit der Überfälligkeit des Schiffes. Gesetz und Vertrag bestimmen ausdrücklich, wann das Schiff verschollen ist. Es ist mit Ablauf der Verschollenheitsfristen verschollen. Die Gefahr hat sich hier also erst verwirklicht, der Versicherungsfall ist erst eingetreten, mit Ablauf der Verschollenheitsfrist.

Die tatsächlichen Folgen des Versicherungsfalles, also insbesondere die Frage, ob in den Abandonfällen der Versicherungsfall zum Totalverlust führe, werden am anderen Ort zu behandeln sein. Hier bedarf nur ein Punkt noch der Erwähnung. Die hier vertretene Ansicht beseitigt eine von Molt[4]) angeführte, von Ritter[5]) gebilligte Konsequenz der bisherigen Theorie. Würde, wenn ein Schiff verschollen, angehalten oder zurückgehalten oder von Seeräubern genommen ist, ein Versicherungsfall noch nicht vorliegen, so würde es dem Reeder unbenommen sein, das betreffende Schiff noch zu versichern. Das ist nach der hier vertretenen Ansicht im Hinblick auf §§ 785 HGB. 5 ADS. unmöglich. Spekulationsversicherungen, wie sie beispielsweise nach dem Untergang der „Titanic" im großen Umfang abgeschlossen wurden[6]), wird damit die Existenzmöglichkeit genommen.

Die hier vertretene Ansicht kann nicht widerlegt, Ritters konstruierter oder vermuteter Versicherungsfall nicht bewiesen werden durch einige von Ritter[7]) angeführte Beispiele: Ein Schiff ist in ein minenverseuchtes Gebiet geraten, wo schon verschiedene Schiffe verloren gegangen sind, und seitdem

[1]) oben S. 33f. [2]) S. 480. [3]) S. 1ff.
[4]) S. 38. [5]) S. 226.
[6]) Ulrich, S. 15. [7]) S. 612.

verschollen; ein Schiff ist auf der Reise zwischen London und Le Havre verschollen; gekenterte Rettungsboote von ihm sind angetrieben; im Kanal sind zur Zeit der Reise feindliche U-Boote gesichtet und eine Reihe von anderen Dampfern versenkt. Andere Gefahrmöglichkeiten sind in beiden Fällen nicht bekannt. Hier ist nicht etwa die Konsequenz zu ziehen, die sich aus Ritters Ausführungen zu ergeben und eventuell auch mit den bei Pauly[1]) angeführten Entscheidungen vereinbar scheint, die Vermutung, daß die verschollenen Schiffe durch Seeunfälle verloren seien, sei widerlegt, wenn der Versicherer einen für das praktische Leben der Gewißheit gleichkommenden Grad von Wahrscheinlichkeit dafür darlege, daß das Schiff durch eine Kriegsgefahr verloren sei. Weist der Verischerer nach — und Darlegung eines für das praktische Leben der Gewißheit gleichkommenden Grades von Wahrscheinlichkeit ist auch für das praktische Rechtsleben ein strikter Nachweis[2]) — daß ein Schiff durch einen Kriegsunfall verloren gegangen sei, dann ist das Schiff gar nicht verschollen, sondern durch einen Kriegsunfall verloren, nicht die Verschollenheitsgefahr, sondern eine Kriegsgefahr hat sich verwirklicht.

2. Die tatsächlichen Folgen des Versicherungsfalles.

Ist der Versicherungsfall, das Gefahrereignis, eingetreten, so wird es in der Regel, wie das seine Natur ist, — die Gefahr in der Sachversicherung besteht ja in der Möglichkeit des Eintritts von ihrer Natur nach schädigenden Ereignissen — Schaden gestiftet haben. Da die Seeversicherung nur Schutz gewährt den Interessen, die jemand daran haben kann, daß Schiff oder Güter die Gefahren der Seeschiffahrt bestehen, müssen die Gefahren bei Schiff oder Gütern eingeschlagen sein, deren letztere in diesem Abschnitt außer Betracht bleiben. Damit ist nicht gesagt, daß auch der Schaden, den das Gefahrereignis nach sich zieht, auf das Schiff beschränkt ist. Das trifft nur in der Kaskoversicherung zu. Schadensfolge des Versicherungsfalles kann auch sein, daß Forderungen des Versicherten erlöschen oder geringer werden, so bei der Versicherung von Fracht, Schiffsmiete und Überfahrtsgeldern oder daß solche Forderungen die Deckung verlieren infolge Verlustes oder Wertminderung des Deckungsgegenstandes, so bei der Versicherung von Bodmerei- und ähnlichen Geldern. Es wird nicht möglich sein, die tatsächlichen Folgen des Versicherungsfalles in diesen einzelnen, sämtlich das Schiff betreffenden Versicherungszweigen geschlossen zu behandeln, wie dies bei Schilderung des tatsächlichen Hergangs des Versicherungsfalls möglich war. Die tatsächlichen Folgen werden vielmehr nach den genannten Zweigen gesondert zu besprechen sein.

a) Tatsächliche Folgen des Versicherungsfalls in der Kaskoversicherung.

Erste der möglichen Folgen des Versicherungsfalls, des Gefahrereignisses, ist in der Kaskoversicherung der Totalverlust. Hier kommt zunächst

[1]) S. 244, 262.
[2]) vgl. auch HGZ. 1918 S. 137 und RG. 15 S. 339.

in Betracht, daß das versicherte Schiff „durch körperliche Vorgänge faktisch zerstört oder vernichtet ist.“ Der Fall wird Schwierigkeiten rechtlicher Art kaum bereiten; auch die Abgrenzung gegen die voneinander schon schwieriger zu scheidenden, unten[1]) noch selbständig zu besprechenden Fälle der Zerstörung der ursprünglichen Beschaffenheit und der Reparaturunfähigkeit wird zu Zweifeln rechtlicher Art nicht viel Anlaß bieten.

Gesetz wie ADS. haben ferner bestimmt, daß als Fall des Totalverlustes auch zu gelten habe, wenn das Schiff dem Versicherten ohne Aussicht auf Wiedererlangung entzogen sei. Auch hier brauchen noch keine rechtlichen Schwierigkeiten zu entstehen, solange nur eine tatsächliche Entziehung in Betracht kommt, etwa durch das von Gesetz und ADS. ausdrücklich als Beispiel genannte unrettbare Sinken, ferner durch Versteigerung auf Betreiben von Schiffsgläubigern oder durch prisengerichtliche Aburteilung. Wann keine Aussicht auf Wiedererlangung mehr besteht, ist Tatfrage. Die Rechtsprechung hat ihre Entscheidungen vorwiegend auf den Einzelfall zugeschnitten. Generell befriedigend stellt Ritter[2]) fest, der Versicherte habe alle in die normale Schadensabwendungs- und Minderungspflicht fallenden, nach Treu und Glauben mit Rücksicht auf die Verkehrssitte erforderlichen Maßnahmen zu treffen, um das Schiff wieder zu erlangen; mehr könne ihm nicht zugemutet werden. Blieben diese Maßnahmen erfolglos, so sei die Wiedererlangung als unmöglich anzusehen. Vorzüglich hierzu eine Bemerkung aus Arnould[3]). „In matters of business a thing is said to be impossible, when it is not practible.“

Zu prüfen ist im konkreten Fall stets, ob der Totalverlust auf eine Gefahr zurückzuführen ist, für die der Versicherer haftet. Das scheint selbstverständlich; trotzdem sind in dieser Hinsicht Verwechslungen vorgekommen. Nach Sieveking[4]) liegt Totalverlust nicht vor, wenn das Schiff auf Betreiben von Gläubigern verkauft wird, denn der Umstand, daß das Schiff wegen Geldmangels zum Verkauf gebracht werde, sei nicht eine Gefahr der Seeschiffahrt. So darf nicht konstruiert werden. Die Fragen, ob Totalverlust vorliegt, und ob eine Gefahr sich verwirklicht hat, für die der Versicherer haftet, sind völlig unabhängig voneinander zu behandeln. Das Schiff kann dem Reeder auch verloren gehen durch Ereignisse, die nicht zum Kreis der vom Versicherer übernommenen Gefahren gehören. Völlig klar wird dies, wenn nach Vernichtung eines gegen See- und Kriegsgefahr bei verschiedenen Versicherern versicherten Schiffes zweifelhaft wird, welcher Versicherer haftet. Es wäre widersinnig, hier zu sagen, einerseits liege kein Totalverlust vor; der Seeversicherer hafte nicht, da kein Seeunfall vorgekommen sei; andererseits liege Totalverlust vor; der Kriegsversicherer hafte, da das Schiff torpediert sei.

Ist, um auf den obigen Fall zurückzukommen, das Schiff durch Gläubiger versteigert worden, so ist es dem Versicherten zweifellos ohne Aussicht auf Wiedererlangung entzogen. Es ist also total verloren. Es bleibt dann nur noch zu prüfen, ob der Versicherer für diesen Totalverlust haftet.

[1]) s. unten S. 49, 50f.

[2]) S. 857.

[3]) Moss v. Smith bei Arnould S. 1360 sect. 1091.

[4]) S. 158.

Entziehung des Schiffes ohne Aussicht auf Wiedererlangung, mithin Totalverlust, ist nicht nur angenommen, wenn tatsächlich die Substanz des Schiffes dem Versicherten entzogen war. Das Reichsgericht[1]) hat ausgeführt, das Seeversicherungsrecht habe den ursprünglichen Begriff des Totalverlustes auf solche Fälle erstreckt, wo durch juristische Vorgänge der Wert des Gegenstandes dem Versicherten völlig entzogen sei. Es behandele die durch juristische Akte (Verbodmungen oder sonstige Belastungen) herbeigeführte, nur im Verhältnis zum Versicherten vorhandene Aufzehrung des Wertes der Sache als Totalverlust. Solche Konstruktion wäre nach den das deutsche Versicherungsrecht und insbesondere auch das Seeversicherungsrecht leitenden Grundsätzen nicht unmöglich. Es ist unbestritten, daß Objekt der Versicherung nicht die versicherte Sache ist, sondern das Interesse des Versicherten an dieser Sache. Verlust müßte daher dann vorliegen, wenn dies Interesse vernichtet ist. Dies Interesse kann vernichtet werden durch körperliche Zerstörung oder durch Entziehung der versicherten Sache. Es kann aber auch anderweitig vernichtet, die Beziehung des Versicherten zur versicherten Sache sonstwie unterbunden werden, so etwa auch durch Belastung der versicherten Sache mit Rechten Dritter, oder durch Entziehung des Besitzes oder der freien Verfügungsgewalt über die versicherte Sache. Verlust müßte auch in diesen Fällen vorliegen. Das englische Recht hat daher auch den Verlustbegriff weiter ausgedehnt, hat neben den actual oder absolute loss den constructive loss gestellt. Das ist richtig. Erst dieser weite Rahmen wird dem versicherungsrechtlichen Verlustbegriff gerecht, ja, bringt ihn reiner zum Ausdruck, als der am Körperlichen haftende Begriff des effektiven Verlustes, in dem vielleicht unbemerkt etwas von dem Gedanken schlummert, tatsächlich sei doch die versicherte Sache, nicht das ungreifbare Interesse an dieser Sache Gegenstand der Versicherung. Auch die deutsche Rechtsprechung und Wissenschaft operieren mit diesem Begriff des konstruktiven Verlusts. Er ließ sich zwanglos ins deutsche Recht einfügen, besonders die Bestimmungen über den Abandon gaben ihm reichlich Raum. Bezeichnet daher das Reichsgericht den Verlust des Interesses am Schiff als (gleich ob effektiven oder konstruktiven) Verlust, so ist das logisch richtige Anwendung des versicherungsrechtlichen Verlustgedankens auf die Praxis, nicht, wie Ritter[2]) meint, Verwechslung von Verlust des Interesses mit Verlust des Schiffes. Trotzdem, das ist Ritter zuzugeben, die Konstruktion des Reichsgerichts ist nicht richtig oder nur theoretisch richtig. Zum geschriebenen Recht steht sie im Widerspruch. HGB. und ADS. haben nicht die aus ihren leitenden Grundgedanken sich ergebenden Konsequenzen gezogen, und den versicherungsrechtlichen Verlustgedanken rein zum Ausdruck gebracht. Sie haben nicht gesagt, Verlust liegt vor, wenn das versicherte Interesse vernichtet ist. Sie haben vielmehr einzelne Tatbestände und deren Rechtsfolgen aufgezählt. Sie sagen, wenn das Schiff verloren, dem Versicherten entzogen oder in seiner ursprünglichen Beschaffenheit zerstört ist, kann der Versicherte die Versicherungssumme verlangen; wenn das Schiff verschollen, angehalten oder zurückgehalten, von einer krieg-

---

[1]) Bd. 47 S. 178.

[2]) S. 855.

führenden Macht oder von Seeräubern genommen ist, kann er abandonnieren; wenn es reparaturunfähig oder -unwürdig ist, kann er gemäß §§ 873, 874 HGB. oder 77 ADS. vorgehen. Es sind damit die einzelnen Fälle, in denen Vernichtung des Interesses vorliegt, voneinander getrennt worden, nicht der alles deckende allein zum Interesse in Beziehung stehende versicherungsrechtlich richtige Verlustbegriff, sondern ein rein körperlicher, nur die körperliche Vernichtung, Entziehung und Veränderung deckender Verlustbegriff geschaffen worden. Die Belastung des Schiffes mit Rechten Dritter bis zur vollen Höhe des Wertes ist daher im Gegensatz zu der vom Reichsgericht[1]) vertretenen Ansicht nach geltendem Recht noch kein Totalverlust, wenn auch durch diese Belastung das Interesse des Versicherten am Schiff völlig vernichtet wird. Der Totalverlust tritt vielmehr erst ein, wenn infolge dieser das Interesse vernichtenden Rechte schließlich auch das Schiff unmittelbar dem Versicherten entzogen wird. Zu diesem Ergebnis wird eine solche Belastung in der Regel führen, denn eben weil die Entziehung des Schiffs bereits sicher ist, ist das Interesse des Versicherten vernichtet. Übrigens unterscheidet sich diese Auffassung für den Regelfall nicht wesentlich von der des Reichsgerichtes. Der Versicherer haftet stets nur, wenn der Totalverlust auf einen Versicherungsfall zurückzuführen ist. Ob der Versicherungsfall etwas früher oder später zum Totalverlust führt, ist ziemlich unbedeutend. Wichtig aber ist die Frage in einem Sonderfall, im Falle der Hingabe des Schiffs an Schiffsgläubiger. Würde bereits mit der Belastung des Schiffs infolge eines Versicherungsfalls und der Vernichtung des Interesses Totalverlust vorliegen, so könnte durch Hingabe des Schiffs an Schiffsgläubiger, die den Versicherer nicht schädigt, da er an dem in voller Werthöhe belasteten Schiff ja doch keine Rechte erwerben könnte, der einmal entstandene Totalverlust nicht mehr beseitigt werden; der Versicherte würde Anspruch auf die Versicherungssumme haben. Anders, wenn Verlust nur, wie das geltende Recht vorschreibt, bei körperlicher Entziehung angenommen wird. Dann liegt im Augenblick der Belastung des Schiffes noch kein Verlust vor; er tritt aber auch dann nicht ein, wenn das Schiff dem Gläubiger hingegeben wird. Mit Recht weist Ritter[2]) darauf hin, daß man zwar mit seinem Willen einen Schaden erleiden kann, daß man aber eine Sache nicht verliert, wenn man sich ihrer selbst freiwillig entäußert, daß eine Sache nicht ohne Aussicht auf Wiedererlangung abhanden kommt, wenn man sie freiwillig weggibt. Ebenso äußert das Hanseatische Oberlandesgericht[3]), immer müsse es sich (beim Totalverlust) um einen Schaden handeln, der in der Entziehung der versicherten Sache selbst bestehe. Eine solche Hingabe (des Schiffes aus freier Willensentschließung an einen Kollisionsgegner) könne niemals als eine Entziehung angesehen werden. Im Falle der Hingabe des Schiffes an Kollisionsgläubiger tritt damit ein Totalverlust überhaupt nicht ein. Der Versicherer haftet daher an sich auch nicht. Anders nur, wenn der Versicherte das Schiff hingegeben hat zur Abwendung von Versicherungsschaden. Dann haftet der Versicherer, aber nicht für Totalverlust,

[1]) Bd. 47 S. 178 und Bd. 83 S. 168.
[2]) S. 853.
[3]) HGZ. 1913 S. 54.

sondern für diese Kosten der Abwendungsmaßnahmen[1]). Das Ergebnis ist unbefriedigend. Ist ein Schiff infolge eines Versicherungsfalles zur vollen Werthöhe mit Schiffsgläubigerrechten belastet, und bedeutet die Hingabe des Schiffes an die Schiffsgläubiger für den Versicherer keine Schädigung, für den Versicherten eine bedeutende Schadensminderung, wenn auch nur Minderung von versicherungsfreiem Schaden, dann ist es unbillig, dem Versicherten den Versicherungsschutz deshalb zu versagen, weil er nicht den mit Sicherheit in kürzester Frist kommenden Termin abwartet, wo ihm das Schiff im Wege der Zwangsvollstreckung abgenommen wird[2]), sondern, um nicht mehr Schaden zu erleiden, als nötig, das Schiff vorher hingibt. Es ist daher ernsthafter Erwägung wert, ob die auf richtiger Entwicklung der Grundgedanken des Versicherungsrechtes beruhende und zu billigen Ergebnissen führende Ansicht des Reichsgerichts nicht zum mindesten de lege ferenda empfehlenswert ist.

Abgesehen von den Fällen, der körperlichen Vernichtung und körperlichen Entziehung wird auch als Totalverlust angesehen, wenn das Schiff in seiner ursprünglichen Beschaffenheit zerstört ist. Das ist an sich selbstverständlich. Nicht mit Unrecht weist Ritter[3]) darauf hin, daß dieser Fall eigentlich als Beispielsfall in den Absatz 1 des § 71 ADS. gehört hätte. Ist ein Schiff in seiner ursprünglichen Beschaffenheit zerstört, so ist es als das, was es sein soll, als welches es versichert ist, nicht mehr vorhanden; es gilt nicht nur als verloren, wie die ADS. nicht ganz richtig formulieren, sondern es ist verloren, wie das HGB. und ihm gleichend auch das englische Recht annehmen: actual total loss — also nicht constructive loss — is when the subjekt-matter is destroyed or so damaged, as to cease to be a thing of the kind insured[4]). Dem steht nicht entgegen, daß bisweilen, so insbesondere auch in § 71 Abs. 3 ADS. noch vom versicherten Schiff gesprochen wird. Es ist möglich, daß nicht nur einzelne Trümmer, sondern ein zusammenhängendes Ganzes von dem übrig ist, was einst das versicherte Schiff darstellte. Die ADS. brauchten für dies übrig gebliebene Etwas keinen neuen Namen zu prägen. Bei Wiederholung der in der Sachversicherung auch sonst geltenden Regel, daß bei voller Entschädigung im Falle des Totalschadens die Rechte an der versicherten Sache auf den Versicherer übergehen, brauchte nicht auf den Zustand dieser Sache, darauf ob sie noch ganz oder teilweise, als dasselbe oder etwas anderes als früher existierte, eingegangen zu werden. Es mag also auch nach dem Versicherungsfall, nach der Zerstörung des Schiffes in seiner ursprünglichen Beschaffenheit noch vom versicherten Schiff gesprochen werden; trotzdem ist es nicht mehr das Schiff, oder ein Schiff; the ship has perished, only the wrack remains[5]). Wann das geschehen ist, wann kein Schiff mehr, sondern nur noch ein Wrack da ist, ist Tatfrage.

---

[1]) Im Ergebnis ebenso Ritter, S. 855, 856.
[2]) Falsch hierzu Ritters Feststellung S. 855, die Arrestierung und Versteigerung würde ein neuer Versicherungsfall sein. Sie ist nur Schadensfolge des voraufgegangenen Versicherungsfalles.
[3]) S. 850.
[4]) M. J. A. § 57 Abs. 1.
[5]) Arnould, S. 1318 sect. 1073.

Neben diesen Fällen des effektiven Totalverlustes wird noch in einer Reihe von weiteren Fällen von Totalverlust gesprochen. Es handelt sich um die Fälle, in denen durch den Versicherungsfall das Interesse des Versicherten an der versicherten Sache völlig zerstört ist und der Versicherte entsprechend Anspruch auf die ganze Versicherungssumme erhält, wobei er sich ebenso wie bei der Vorschrift des § 71 Abs. 1 Satz 2 ADS. dasjenige anrechnen lassen muß, was er eventuell durch Versteigerung der versicherten Sache erhält; in der Mehrzahl der Fälle wird hier von konstruktivem Verlust gesprochen. Diese Bezeichnung ist gewiß nicht falsch, aber es mag dahingestellt bleiben, ob sie bei geltendem Recht zweckmäßig ist. Sie verführt dazu, alle Fälle, in denen das versicherte Interesse unterbunden ist, als Verlustfälle zu behandeln und das ist, wie oben bereits angegeben, mit dem geschriebenen Recht nicht vereinbar, da das deutsche Recht den versicherungsrechtlich richtigen, umfassenden, allein zum Interesse in Beziehung stehenden Verlustbegriff nicht geschaffen hat. Der Versuch, alle Fälle, in denen der Versicherte Anspruch auf die ganze Versicherungssumme hat, als Totalverlustfälle zusammenzufassen, scheint von dem Gedanken beherrscht — dieser Verdacht ist nicht völlig von der Hand zu weisen — Voraussetzung der Leistungspflicht des Versicherers müsse Verlust der versicherten Sache sein. Würde in Fällen, wo diese Sache nicht unmittelbar oder nicht endgültig verloren sei, eine Zahlungspflicht des Versicherers statuiert, so müsse der Verlust gedacht, konstruiert werden. Der konstruktive Verlust ist einem Bedürfnis der Theorie, nicht der Praxis zuliebe in bestehende Bestimmungen hineingelegt worden. Die Praxis begnügte sich damit, bestimmte Beeinträchtigungen des versicherten Interesses aufzuzählen, die den Anspruch des Versicherten auf die Versicherungssumme rechtfertigen. Das sollte auch der Theorie genügen. Der weiter ausgedehnte Verlustbegriff ist nicht falsch, aber er ist bei geltendem deutschen Recht unnötig und irreführend.

An erster Stelle sind von den auf dies Gebiet gehörenden Fällen die Reparaturunfähigkeit und -unwürdigkeit eines Schiffes zu nennen. Unter Umständen kann es Schwierigkeiten bereiten, diese Fälle abzugrenzen von einer Art des effektiven Totalverlustes. Das englische Recht behandelt diese Fälle gemeinsam mit denen der Zerstörung der ursprünglichen Beschaffenheit. Das scheint nicht unberechtigt. Ist ein Schiff so beschädigt, daß es nicht mehr repariert werden kann, so ist es ein Wrack, hat seine ursprüngliche Beschaffenheit verloren, ist total verloren. Das deutsche Recht sieht indessen die Fälle nicht als gleich an, wenn auch im Ergebnis die Rechtsfolgen sich nicht wesentlich unterscheiden. Es wird folgender Unterschied konstruiert: Ist ein Schiff derartig beschädigt, daß es überhaupt nicht mehr flott gemacht werden kann, die Trümmer durch keine Arbeit wieder in ein Schiff verwandelt werden können oder höchstens nur so, daß ein Neubau vorgenommen wird, bei dem die Trümmer verwandt werden, dann ist ein Schiff in seiner ursprünglichen Beschaffenheit zerstört. Ist dagegen die Beschädigung nur so stark, daß sich das Wrack durch Reparaturen wieder zu einem seetüchtigen Schiff aufarbeiten läßt, nur nicht mehr zu einem Schiff, von gleichem Wert, wie vor dem Versicherungsfall, statt zu einem Schiff, von Klasse I nur zu einem von Klasse II, statt zu einem für große

Fahrt geeigneten nur zu einem solchen für kleine Fahrt, dann ist es reparaturunfähig[1]). Die Konstruktion ist richtig. Kann etwas nicht genau zu dem repariert werden, was es vorher war, so ist es an sich irreparabel. Darüber, ob diese Unterscheidung dem üblichen Sprachgebrauch entspricht, oder ob nicht etwa nach ihm nur als reparaturunfähig angesehen wird, was überhaupt nicht mehr zu einem brauchbaren Zustand aufgearbeitet werden kann, braucht nicht gestritten zu werden. Die Gesetzessprache nimmt sich bisweilen die Freiheit, ihren Worten einen anderen Sinn beizulegen, als ihnen nach Auffassung der gebildeten Laien zukommt. Wichtiger ist: Die Konstruktion ist unpraktisch. Ist überhaupt noch ein Wrack vorhanden, so wird es so gut wie stets noch möglich sein, etwas halbwegs Schwimmfähiges, Schiffsähnliches, wenn auch nur einen schwimmenden Sarg, daraus zusammenzuschlagen. Der Versicherte wird daher fast stets, wenn die Trümmer seines Schiffes auch noch so kümmerlich sind, nach § 74 ADS. vorgehen müssen, um dann gemäß § 77 den Unterschied zwischen Verkaufserlös und Versicherungssumme zu erhalten. Praktisch gibt es so gut wie kein in seiner natürlichen Beschaffenheit zerstörtes Schiff, nur reparaturunfähige Schiffe. Die Zerstörung der ursprünglichen Beschaffenheit spielt daher auch in der Kaskoversicherung eine verhältnismäßig geringfügige Rolle, ist wichtig vor allem für die Güterversicherung[2]).

Im einzelnen unterscheiden HGB. und ADS. zwischen absolut und relativ reparaturunfähigen Schiffen. Absolut reparaturunfähig ist ein Schiff, das überhaupt nicht wieder in den gleichen Zustand, wie vor dem Versicherungsfall versetzt werden kann, relativ reparaturunfähig ein solches, das zwar an sich repariert werden könnte, an dem Ort aber, wo es sich befindet, nicht repariert und auch nicht an einen Ort gebracht werden kann, wo seine Reparatur möglich ist. Die Reparaturunfähigkeit muß grundsätzlich im Zustand des Schiffes selbst begründet sein, darf nicht im Unvermögen des Versicherten beruhen, die Reparaturkosten aufzubringen[3]). Das Schiff muß objektiv, nicht subjektiv reparaturunfähig, es muß unfähig sein, repariert zu werden, nicht der Versicherte unfähig, es zu reparieren.

Neben die Reparaturunfähigkeit haben Gesetz und ADS. mit Recht die Reparaturunwürdigkeit gestellt. Ein Schiff ist reparaturunwürdig, wenn die Ausbesserungskosten ohne Berücksichtigung des aus dem Unterschied zwischen neu und alt sich ergebenden Minderwert mehr betragen, als der Versicherungswert[4]) oder als Dreiviertel seines früheren Wertes[5]). Übrigens ist die Grenze zwischen Reparaturunfähigkeit und -unwürdigkeit fließend; ja man kann sagen, daß die Begriffe der relativen Reparaturunfähigkeit und der Reparaturunwürdigkeit kongruent seien. In beiden Fällen ist eine Reparatur an sich möglich[6]), doch würde der dazu erforderliche Kostenauf-

---

[1]) Vgl. auch Ritter, S. 952, 955.
[2]) Ritter, S. 850.
[3]) Ritter, S. 952/953, 955/956.
[4]) § 77 Abs. 2 ADS.
[5]) § 479 Ziff. 2 HGB.
[6]) Ein relativ reparaturunfähiges Schiff ist, wie oben angegeben wurde, an sich reparabel und kann nur an dem Ort, wo es sich gerade befindet, nicht repariert werden. Mit Aufwand ganz unverhältnismäßiger Kosten, schlimmstenfalls durch Bau eines Docks an diesem Ort, würde es stets möglich sein, ein solches Schiff zu reparieren.

wand so groß sein, daß sie unpraktisch erscheint. Eine solche Maßnahme, ein unverhältnismäßiger Aufwand von Kosten ist nun eben, um nochmals auf diesen, in seiner eindringlichen Kürze nicht zu übertreffenden Satz von Arnould[1]) zurückzukommen, impractible und damit in matters of business — um solche handelt es sich ja — auch impossible. Das relativ reparaturunfähige Schiff könnte mit gleichem Recht reparaturunwürdig genannt werden.

Ein auf ähnlichen Gedankengängen beruhender Vorwurf, es sei unlogisch, zwischen Reparaturunwürdigkeit und -unfähigkeit zu unterscheiden, würde insofern ernsteren Gewichts entbehren als das deutsche Seeversicherungsrecht in HGB. und ADS. an Reparaturunwürdigkeit und -unfähigkeit die gleichen Rechtsfolgen knüpft. Nicht völlig unberechtigt wäre er gegenüber dem ASVB. von 1867, die allein den Verkauf wegen Reparaturunfähigkeit nicht auch, den wegen Reparaturunwürdigkeit gestatteten.

Reparaturunfähigkeit wie -unwürdigkeit hat der Versicherte, der unter Berufung auf sie die Versicherungssumme verlangen, genauer das Schiff versteigern und die Differenz zwischen Erlös und Versicherungssumme verlangen will, durch Sachverständige feststellen zu lassen. Es bedarf keines besonderen Hinweises, daß der Spruch der Sachverständigen, die sogenannte Kondemnation des Schiffes, weder der Versicherungsfall noch eine tatsächliche Folge des Versicherungsfalls, eine Entstehung von Schaden ist, sondern, wie sich auch aus der Fassung von Gesetz und ADS. deutlich ergibt, nur die Feststellung des als Folge des Versicherungsfalls bereits entstandenen Schaden.

Viel Kopfzerbrechen hat die Frage bereitet, welches die tatsächlichen Folgen in den Abandonfällen waren oder genauer, da ja ein Versicherungsfall auf diesem Gebiet von der Mehrzahl der Bearbeiter noch nicht erkannt war, die Frage, welcher Zustand bei Eintritt der Abandonberechtigung gegeben sei. Schon bei Schilderung des tatsächlichen Herganges des Versicherungsfalls ist erwähnt, daß stets mit einem, auf die verschiedenste Weise umschriebenen Verlust operiert wurde. Aschenheim[2]) hat angenommen, zur Beseitigung der Unsicherheit, die in den Abandonfällen gegeben sei, werde der Verlust fingiert, es liege fiktiver Verlust vor. Die Unrichtigkeit dieser Annahme hat Kitada[3]) nachgewiesen. Eine Fiktion ist gegeben, wenn etwas zweifellos nicht Gegebenes als gegeben gilt. Davon kann hier aber keine Rede sein. Im Gegenteil, aller Wahrscheinlichkeit nach liegt ein Verlust vor. Aber auch eine Präsumtion, eine Vermutung, wie Kitada annimmt, liegt nicht vor. Eine widerlegbare Vermutung, die nur den Zweck hat, die Beweislast zu verkehren, scheidet von vornherein aus. Denn auch, wenn das verschollene Schiff nach der einmal mit Recht abgegebenen Abandonerklärung wieder auftaucht, wenn das zurückgehaltene Schiff wieder freigegeben wird, bleibt die Leistungspflicht des Versicherers bestehen, bzw. braucht der Versicherte das bereits Erhaltene nicht wieder herauszugeben. Aber eine Präsumtio iuris et de iure, eine unwiderlegbare Vermutung kommt auch nicht in Betracht. Es ist von vornherein und jederzeit damit gerechnet, daß sich einmal herausstellt, es liege kein Verlust vor,

[1]) siehe oben S. 46 Anm. 3.
[2]) S. 2/3. [3]) S. 11.

also besonders — der Fall wird praktisch der häufigste sein — daß das zurückgehaltene Schiff wieder freigegeben wird. Eben um dieser Möglichkeit willen, ist das Verlangen des Versicherten zum Abandon erhoben, mit diesem Verlangen der Übergang der Rechte an der versicherten Sache auf den Versicherer verbunden worden. Auch der antizipierte Verlust Niemeyers[1]) und der konstruktive Verlust Pappenheims[2]) können nicht befriedigen. Legt man überhaupt Wert auf die Feststellung eines Verlusts, dann erscheint noch am richtigsten die Ansicht Helbergs[3]), es liege effektiver Totalverlust vor. Im Augenblick der Abandonberechtigung ist die Sache dem Versicherten tatsächlich verloren. Nur steht noch nicht fest, ob dieser Verlust von Dauer sein wird. Die Annahme eines Verlustes ist indessen überhaupt nicht vonnöten. Den früheren Bearbeitern des Problems war nicht klar, daß in den Abandonfällen ein Versicherungsfall eingetreten war. Um für die Zahlungspflicht des Versicherers irgend eine Rechtfertigung zu finden, konstruierten sie einen Totalverlust und schmückten ihn, da er sich von den sonst bekannten Verlusten unterschied, mit irgend einer Umschreibung. Nachdem Helberg erkannt hat, und auch hier festgestellt ist, daß dem Abandon stets ein Versicherungsfall vorausgeht, besteht kein Bedürfnis mehr, einen Verlust zu entdecken. Es genügt vielmehr, die Feststellung, daß durch den Versicherungsfall, die Gefahrverwirklichung, die versicherte Sache der Verfügungsgewalt des Versicherten entzogen und dadurch sein Interesse beeinträchtigt wird. Diese Entziehung der versicherten Sache aus der Verfügungsgewalt des Versicherten, diese Beeinträchtigung seines Interesses, ist der Schaden, der entsteht. Der Schaden entsteht bereits unmittelbar mit Eintritt des Versicherungsfalles. Gefahrverwirklichung und Schadensentstehung fallen, wie dies auch in andern Fällen möglich ist, zusammen. Bei Beginn der Beeinträchtigung des versicherten Interesses, d. h. im allgemeinen bei Eintritt des Versicherungsfalls, bei Verschollenheit des Schiffes bereits, wenn es überfällig wird, besteht die Möglichkeit, daß der geschaffene Zustand nur vorübergehender Natur ist, daß der Schaden in absehbarer Zeit wieder behoben wird. Ein Anspruch auf die Versicherungssumme wird deshalb nicht unmittelbar gegeben. Ist aber die Möglichkeit, daß der Schaden bald wieder behoben werde, binnen der Abandonfrist nicht eingetreten, hat sich der Schaden als beständig erwiesen, dann wird die Beeinträchtigung des versicherten Interesses als so stark angesehen — tatsächlich kommt diese Beeinträchtigung ja auch oft fast der Vernichtung gleich — daß sie den Anspruch des Versicherten auf die Versicherungssumme rechtfertigt.

Im Anschluß an die bisher genannten Fälle, die das versicherte Interesse so stark angreifen, daß der Versicherte als Entschädigung die ganze Versicherungssumme verlangen kann, die deshalb auch meist im Zusammenhang mit oder als Totalverlust behandelt werden, ist eine mögliche Folge des Versicherungsfalles zu erwähnen, die eine Art Mittelding zwischen Totalverlust und Teilschaden darstellt. Sind einzelne Teile des Schiffs (z. B. Schiffskörper und Maschinen) besonders taxiert, so gelten sie gemäß § 7 Abs. 1 ADS. zugunsten des Versicherten als besonders versichert. Sie

[1]) HRZ. 1918 S. 75.
[2]) ZHR. Bd. 44 S. 603.
[3]) S. 33.

können daher auch besonders total verloren gehen. Ihr Verlust ist insofern Totalverlust[1]). Diese besonders taxierten Teile gelten nicht schlechthin, sondern nur zugunsten des Versicherten als besonders versichert. Der Versicherte ist nicht gezwungen, sich nach Eintritt eines Versicherungsfalles auf die besondere Taxierung zu berufen. Beruft sich der Versicherte nach Eintritt eines Versicherungsfalls nicht auf die besondere Taxierung, dann ist der Verlust dieser Teile nicht der Totalverlust bestimmter, besonders versicherter Sachen, sondern einfach der Verlust eines Teils der ganzen versicherten Sache oder versicherten Sachen, mithin ein Teilverlust. Der Verlust besonders taxierter Teile ist gleichzeitig Totalverlust und Teilverlust. Der Versicherte kann nach Verlust dieser Teile infolge eines Versicherungsfalles entscheiden, ob er die Versicherungssumme für diese besonders taxierten Teile nach Totalverlustgrundsätzen, oder ob er als Entschädigung einen Teil der Gesamtversicherungssumme nach Teilschadensgrundsätzen verlangen will.

Ein Teilschaden kann, abgesehen von dem bereits geschilderten Fall in der Kaskoversicherung, hauptsächlich in zweierlei Formen vorkommen, nämlich als Teilverlust und als Beschädigung.

Ein Teilverlust liegt vor, wenn ein selbständiger Teil des versicherten Ganzen verloren ist. Er kann und wird sich in der Kaskoversicherung in erster Linie auf Zubehörstücke erstrecken, auf Rettungsboote, Ankerketten und dergleichen. Er trifft damit vor allem die Fälle, in denen bei besonderer Taxierung der betreffenden Teile gleichzeitig Totalverlust vorliegen kann. Übrigens kann ein solcher Teilverlust, der Verlust eines selbständigen Teils, gleichzeitig eine Beschädigung des Ganzen darstellen, so z. B. der Verlust einer Schiffsschraube[2]).

Eine Beschädigung liegt vor, wenn durch Ereignisse irgendwelcher Art der versicherte Gegenstand so angegriffen wird, daß er teilweise vernichtet oder als Ganzes oder teilweise in seiner Substanz verändert — doch nicht so stark verändert, daß seine ursprüngliche Beschaffenheit zerstört ist — und dadurch seine Tauglichkeit oder sein Wert als Ganzes gemindert wird.

Selbstverständlich sollte sein, daß auch für den Begriff des Teilverlusts und der Beschädigung unwesentlich ist, auf welche Ursachen sie zurückzuführen sind. Sie sind bestimmte Tatbestände, die besprochen werden als Folgen des Versicherungsfalls, die also hier von Bedeutung sind, weil oder auch nur insoweit sie auf Versicherungsfälle zurückzuführen sind. Trotzdem können sie, die zur Zeit der Beurteilung bestimmte, abgeschlossene Zustände darstellen, nicht durch ihre Ursachen charakterisiert werden, ebensowenig wie der Versicherungsfall durch seine Folgen bestimmt werden kann. Eine Beschädigung, die nicht auf eine der vom Versicherer übernommenen Gefahren zurückzuführen ist, ist nicht minder eine Beschädigung, als eine auf einen Versicherungsfall zurückzuführende. Die entgegengesetzte Ansicht des Hanseatischen Oberlandesgerichts[3]) ist ebenso falsch wie die bei der Besprechung des Totalverlustes bereits gerügte Ansicht Sievekings[4]).

---

[1]) Ritter, S. 253f., 851.
[2]) Ritter, S. 495.
[3]) HGZ. 1892 S. 298.
[4]) s. oben S. 46 und Sievekings S. 158.

Bei Besprechung der tatsächlichen Folgen des Versicherungsfalles in der Güterversicherung werden noch weitere Ausführungen über die Beschädigung, die insbesondere dort eine große Rolle spielen, sowie über die Klausel „frei von Beschädigung" zu machen sein.

Als letzte der möglichen Schadensfolgen des Versicherungsfalles in der Kaskoversicherung bleibt eine Schadensart bestehen, die völlig anderer Natur ist als alle bisher behandelten. Bisher bestand der Schaden des Versicherten stets darin, daß sein Interesse an der versicherten Sache irgendwie beeinträchtigt wurde, und zwar beeinträchtigt wurde durch Entziehung oder Veränderung der versicherten Sache. Das ist anders, soweit die oben geschilderten Haftpflichtschäden in Betracht kommen, also indirekter Kollisionsschaden und Beiträge zur großen Haverei. Hier erfährt das Interesse des Versicherten an der versicherten Sache nicht notwendig eine Beeinträchtigung, hier braucht die Sache dem Versicherten nicht entzogen zu sein. Freilich diese Möglichkeit besteht. Der Kollisionsgläubiger, dem Schiff und Fracht haften, kann das versicherte Schiff versteigern. Dann ist ein normaler Totalverlustfall gegeben. Der Kollisionsgläubiger braucht aber nicht den genannten Weg einzuschlagen. Ja, nach englischem oder romanischem Recht, wo die Haftung des Kollisionsschuldners nicht auf Schiff und Fracht beschränkt ist, würde dieser Weg nicht einmal der naheliegendste sein. Verfolgt hier der Kollisionsgläubiger seinen Anspruch durch Vollstreckung in das übrige Vermögen des Kollisionsschuldners, so erleidet dieser Schaden, sein Vermögen wird um die Kollisionsschuld gemindert. Dieser Schaden kann der Höhe nach die Versicherungssumme ganz oder teilweise erreichen. Trotzdem kann in diesen Fällen nicht von Totalverlust und Teilverlust in dem sonst üblichen Sinn gesprochen werden. Totalverlust und Teilverlust standen stets in Beziehung zur Substanz der versicherten Sache. Diese versicherte Sache, das Schiff, war total oder teilweise verloren. Der Schaden hier steht in Beziehung zum zahlenmäßig ganz oder in Bruchteilen nicht festlegbaren Vermögen des Versicherten. Dem Vermögen des Versicherten gegenüber kann daher nicht von einem Totalschaden oder Teilschaden gesprochen werden. Die Bezeichnung „Total"schäden oder „Teil"schäden kann hier nur Sinn haben gegenüber der Versicherungssumme, die ganz oder teilweise auszuzahlen ist. Das heißt, derartige „Total"schäden oder „Teil"schäden erleidet der Versicherer, nicht der Versicherte. Stets wenn der Versicherer die Versicherungssumme ganz oder teilweise auszahlen muß, würde es möglich sein, von solchen Totalschäden oder Teilschäden zu sprechen. Diese Totalschäden oder Teilschäden sind aber etwas völlig anderes als das, was sonst unter Totalverlust und Teilverlust bzw. Totalschaden und Teilschaden verstanden wird. Die immerhin mögliche Bezeichnung ist daher nicht unbedenklich und nur mit großer Vorsicht zu verwenden.

b) Tatsächliche Folgen des Versicherungsfalles bei der Versicherung von Fracht, Schiffsmiete und Überfahrtsgeldern.

In der Kaskoversicherung bestand, wie dargelegt, die Folge des Versicherungsfalles, der durch den Versicherungsfall verursachte Schaden abgesehen von einer Ausnahme, stets in Beziehung zur Substanz des Schiffes.

Das ist bei der Frachtversicherung und den ihr ähnlichen Versicherungen anders. Vorausgeschickt sei, daß bei den hier anzustellenden Untersuchungen die Versicherung andgültig bezahlter Fracht außer Betracht bleiben kann. Ihr Zweck ist, den Versicherten davor zu bewahren, endgültig bezahlte Fracht, die er also im Fall des Verlustes der Güter nicht zurückerhält, umsonst, ohne Gegenleistung bezahlt zu haben. Diese endgültig bezahlte Fracht ist ein Teil des Ladungswertes der Güter, ihre Versicherung gewöhnliche Güterversicherung, die keiner besonderen Behandlung bedarf.[1]) Bei der Frachtversicherung im Sinne dieses Abschnittes sichert sich der Reeder dagegen, infolge eines Seeunfalles an der Erlangung der Fracht gehindert zu werden. Daraus ergibt sich ohne weiteres, woraus in der Frachtversicherung, in der natürlich der Versicherungsfall wie stets das Gefahrereignis, der Seeunfall ist, der Schaden, die Folge des Versicherungsfalles, besteht. Er besteht darin, daß der Versicherte, also in der Regel der Reeder, an der Verwirklichung seiner Frachtforderung gehindert wird. Die Frachtversicherung ist damit Forderungsversicherung. Sie ist aber nicht Kreditversicherung. Die Kreditversicherung gewährt dem Gläubiger Schutz gegen die Gefahr, daß sein Schuldner zahlungsunfähig werde. Das ist keine Gefahr der Seeschiffahrt. Unmöglichkeit, die Frachtforderung zu realisieren infolge Zahlungsunfähigkeit des Schuldners würde daher auch kein den Frachtversicherer treffender Schaden sein. Folge des Seeunfalles ist nicht Unmöglichkeit, die in ihrer Rechtswirksamkeit unverändert bestehende Frachtforderung zu realisieren, ist vielmehr, daß der Reeder seine Frachtforderung verliert, in der Regel Untergang dieser Forderung selbst. Dieser Untergang der Frachtforderung, den das HGB. an eine große Reihe von Ereignissen knüpft, ist Folge des Versicherungsfalles, nicht etwa wie Ritter[2]) und Helberg[3]) annehmen, der Versicherungsfall selbst. Aufzählung der einzelnen Fälle, in denen die Frachtforderung ganz oder teilweise erlischt, ist an diesem Ort nicht vonnöten. Die Frage ist rein seerechtlicher Natur, enthält keine versicherungsrechtlichen Probleme. Hier genügt die Feststellung, daß mit dem ganzen oder teilweisen Erlöschen der Frachtforderung der Schaden entstanden ist, den der Versicherer zu ersetzen hat. Die Frachtforderung kann ganz oder teilweise erlöschen. Entsprechend tritt Totalverlust oder Teilverlust ein. Die Frachtforderung kann ferner dem Versicherten entzogen, mit fremden Rechten belastet werden, so mit den Rechten von Schiffsgläubigern, insbesondere Kollisions- und Havariegläubigern. In diesen Fällen geht die Frachtforderung nicht unter, aber sie wird dem Versicherten ebenfalls entzogen. Er wird entsprechend geschädigt. Auch dieser Schaden ist Folge eines Seeunfalles, des Versicherungsfalles. Mithin fällt auch dieser Schaden unter die Frachtversicherung. Besondere Probleme bietet damit die Feststellung des Schadens in der Frachtversicherung bis hierher nicht. Nur eine Frage bedarf der Erörterung. Ist für ein Schiff ein Abandonereignis eingetreten, dann ist regelmäßig dem Reeder nicht nur die Verfügungsgewalt über sein Schiff entzogen, sonder gleicherweise die Möglichkeit genommen, seine Frachtforderung zu realisieren. Es kann oft so gut wie sicher sein, daß die Fracht niemals wird verdient werden

[1]) Ritter, S. 119; Helberg, S. 101ff.
[2]) S. 115. [3]) S. 102.

können. Der Reeder ist damit bezüglich der Fracht in der gleichen Lage, wie bezüglich des Kaskos seines Schiffes. Beide Interessen sind in gleicher Weise beeinträchtigt. Dem Frachtversicherten müßte daher ebenso wie dem Kaskoversicherten grundsätzlich ein Abandonrecht zustehen. Dies Recht wird ihm auch zugestanden. Trotzdem ist zweifelhaft, ob ihm auf diese Weise geholfen wird. Kaskoversicherter und Frachtversicherter pflegen ein und dieselbe Person zu sein. Abandonniert der Kaskoversicherte das Schiff, so gehen mit dem Abandon das Eigentum und alle Rechte aus dem Eigentum auf den Kaskoversicherer über. Der Kaskoversicherer erwirbt damit auch ein Recht auf die pro rata Fracht des Schiffes; vom Augenblick seines Eigentumserwerbs an stehen ihm auch die Nutzungen des Schiffes zu. Durch den Abandon des Schiffes entäußert sich also der Frachtversicherte selbst zum Teil seiner Frachtforderung. Es ist bestritten, ob der Frachtversicherer für die dem Frachtversicherten auf diese Weise entgangene Fracht haftet. Man könnte annehmen, die Lösung der Frage gehöre nicht in diesen Abschnitt; sie müsse vielmehr bei Untersuchung der Rechtsfolgen des Versicherungsfalles gefunden werden. Es erscheint indessen richtiger, sie hier schon zu behandeln. In positivem Sinne ist sie von HGB., ADS. und englischem Recht verschieden gelöst. Die bei Untersuchung der Rechtsfolgen des Versicherungsfalles mögliche Aufzählung der drei verschiedenen Lösungen kann in systematischer Hinsicht nicht befriedigen. Das kann allein das Auffinden der richtigen Lösung, derjenigen, die de lege ferenda allgemein zu empfehlen wäre. Die Entscheidung über die Frage hängt von einem Punkt ab. Ist der Schaden, den der Frachtversicherte erleidet, ein Verlust und eine Folge des Versicherungsfalles, so muß der Versicherer haften; ist er dagegen nicht durch den Versicherungsfall verursacht, sondern erleidet der Versicherte ihn auf Grund freier Entschließung, hat er ihn selbst herbeigeführt, dann ist der Versicherer frei. Die Entscheidung, welche Rechtsfolge der Versicherungsfall hat, ob der Frachtversicherer für den genannten Schaden haftet, hängt also von der Lösung einer in diesen Abschnitt gehörenden Frage ab. Aschenheim[1]) vertritt die Ansicht, der Frachtversicherte habe sich vor jedem Verlust schützen wollen und deshalb die volle Prämie bezahlt. Entsprechend hat das HGB. in § 868 IV den Anspruch des Frachtversicherten gegen den Frachtversicherer bei selbständiger Versicherung der Fracht für berechtigt angesehen. Helberg wendet gegen diese Vorschrift und Aschenheim ein, der Versicherte habe sich gar nicht gegen jeden Verlust schützen wollen aus dem einfachen Grunde, weil er das nicht könne; er habe nur Deckung erlangen können und wollen für einen Schaden, der infolge eines Seeunfalles, eines in die Versicherung fallenden Ereignisses eingetreten sei. Der Schaden, den der Versicherte hier erleide, sei aber nicht durch einen Seeunfall verursacht, sondern von ihm selbst herbeigeführt. Helberg sieht daher nur den Anspruch des Versicherten auf die bis zum Abandon verdiente nicht auf die ganze Fracht als berechtigt an. Hier kann Helberg nicht zugestimmt werden. Mit gleichem Recht, wie er hier meint, der Frachtversicherte erleide keinen Verlust, da er selbst die Fracht aufgebe, kann er in allen Abandonfällen sagen, der Versicherte erleide kei-

[1]) S. 37.

nen Verlust, da er die versicherte Sache selbst aufgebe. Tatsächlich auch äußert Helberg[1]) in anderem Zusammenhang diese Ansicht; die Preisgabe der versicherten Sache sei streng genommen versicherungsrechtlich kein Verlust. Die Haftung des Versicherers entfalle an sich bei fahrlässiger oder vorsätzlicher Herbeiführung des Versicherungsfalles, doch gelte dieser Satz nicht für den durch den Abandon herbeigeführten Verlust, weil der Versicherer letzten Endes zum Ersatz dieses Schadens verpflichtet sei. Eine Begründung für die Haftung des Versicherers gibt Helberg damit nicht, aber immerhin will er eine Herbeiführung des Schadens durch den Versicherten im allgemeinen für zulässig ansehen, sie dem Versicherten dagegen zum Nachteil gereichen lassen beim Zusammentreffen von Fracht- und Kaskoversicherung. Eine solche ungleichmäßige Behandlung des gleichen Problems ist auf alle Fälle unberechtigt. Tatsächlich kann der Abandon weder in der Kasko- noch in der Frachtversicherung als Herbeiführung des Schadens angesehen werden. Der Schaden ist in beiden Fällen zur Zeit der Abandonberechtigung schon eingetreten. Er besteht in der Beeinträchtigung des versicherten Interesses. Diese Beeinträchtigung ist in beiden Fällen so stark, daß es für den Versicherten nicht mehr verwertbar, sein Wert für ihn gleich Null geworden ist. Gibt der Versicherte diesen wertlosen Wert, diese Null auf, so kann das nicht als eine Herbeiführung von Schaden angesehen werden. Der Anspruch des Versicherten kann nicht aus diesem Grunde als unberechtigt oder die Vorschrift des § 868, IV als unbefriedigend angesehen werden.

Die ADS. haben die Vorschrift des § 868 IV HGB. nicht übernommen. Es besteht indessen Einigkeit darüber, daß hierdurch die Möglichkeit eines Abandon des Frachtversicherten nicht ausgeschlossen ist[2]). Fraglich ist nur, was die Folge dieser Regelung ist. Ritter[3]) vertritt die Ansicht, der Frachtversicherte könne sowohl dem Fracht-, wie dem Kaskoversicherer gegenüber abandonnieren, und sich von beiden Versicherern die ganze Versicherungssumme auszahlen lassen. Er müsse dann dem Kaskoversicherer von der Frachtversicherungssumme die pro rata Fracht abgeben, während der Frachtversicherer die ganze Frachtforderung erwerbe. Solange das Schiff nach dem Abandon keine Fracht verdiene, brauche der Frachtversicherte auch die Versicherungssumme nicht zu teilen, dem Kaskoversicherer keine pro rata Fracht abzugeben. Helberg hält diese Lösung für unbefriedigend. In der Regel werde in den Abandonfällen keine Fracht verdient werden. Der Frachtversicherte erhalte daher ungerechtfertigt die ganze Versicherungssumme und der Frachtversicherer müsse Ersatz für einen vom Versichererten selbst herbeigeführten Verlust leisten, für den er nicht im Risiko gewesen sei. Diese Ansicht Helbergs ist falsch. Wird keine Fracht verdient, was, wie Helberg mit Recht annimmt, für den Regelfall zutreffen wird, dann zeigt sich deutlich, daß der Wert der Frachtforderung bereits gleich Null war, mithin gar kein Schaden vom Versicherten herbeigeführt ist, dieser Schaden vielmehr bereits durch das Abandonereignis verursacht ist. Der Frachtversicherer ist daher bezüglich dieses Schadens wohl im Risiko, haftet mit Recht für ihn. Trotzdem enthält auch Ritters

[1]) S. 33.
[2]) Ritter, S. 891; Helberg, S. 106.
[3]) S. 891.

Lösung einen Fehler. Ritter nimmt an, wenn das Schiff verschollen bleibe, oder nicht wieder freigegeben werde, brauche der Frachtversicherte keine pro rata Fracht abzugeben. Nur soweit das Schiff noch Fracht verdiene, sei ein Anspruch des Frachtversicherers auf pro rata Fracht berechtigt. Hier liegt ein Denkfehler. Erhält der Frachtversicherte die ganzeFrachtversicherungssumme, so hat für ihn und im Verhältnis zwischen ihm und dem Kaskoversicherer das Schiff bereits die ganze Fracht verdient. Eine Teilung der Fracht pro rata itineris erscheint daher unter allen Umständen angebracht. Dem Versicherten steht von der Frachtversicherungssumme nur ein Teil zu, der der bis zum Eintritt des Abandonereignisses verdienten Fracht entspricht. Der Rest ist das Surrogat für eine erst nach dem Abandonereignis aus dem Schiff zu ziehende Nutzung. Er gehört daher, ebenso wie diese Nutzungen selbst, dem Kaskoversicherer. Diese Lösung erscheint richtig. Zweck der Kasko- und Frachtversicherung ist, den Reeder vor allen Schäden zu bewahren, die auf Seeunfälle zurückzuführen sind. Die scheinbar widersprechenden Ansichten Aschenheims und Helbergs sind insofern übereinstimmend.) Tritt ein Abandonereignis ein, so wird das Interesse des Reeders an Schiff und Fracht in gleicher Weise bis annähernd zur Vernichtung beeinträchtigt. Diese Beeinträchtigung ist eine Folge des Versicherungsfalles, die den Anspruch auf beide Versicherungssummen rechtfertigt. Da die Versicherungssumme nur durch Abandonnierung erlangt werden kann, gehen durch das Verlangen Schiff und Fracht auf Kasko- bzw. Frachtversicherer über. Mit dem Schiff geht als Surrogat der Nutzung auf den Kaskoversicherer ein der pro rata Fracht entsprechender Teil der Frachtversicherungssumme über. Diese Lösung wird den Interessen aller Parteien gerecht. Der Frachtversicherer haftet für einen durch den Versicherungsfall verursachten (nicht vom Versicherten herbeigeführten; diese Ansicht ist irrig) Schaden, erhält dafür die Frachtforderung. Ist der Wert dieser Forderung gleich Null, so hat sich das von ihm getragene Risiko in der schlimmsten Form konkretisiert; aber die Lösung wird hierdurch nicht unbillig, ebensowenig wie es sonst unbillig ist, wenn der Versicherer für Totalverlust die ganze Versicherungssumme zahlen muß, ohne aus dem Provenu oder auf andere Weise Ersatz zu erhalten. Der Kaskoversicherer erhält an Stelle der meist nicht realisierbaren Nutzung des Schiffs das sofort greifbare Surrogat Er wird also durch diese Lösung günstiger gestellt, als er sonst stehen würde. Der Versicherte erhält beide Versicherungssummen, wird geschädigt nur, um die an den Kaskoversicherer abzugebende pro rata Fracht. Das ist aber nicht unbillig, da er mit diesem Schaden den Anspruch auf die Kaskoversicherungssumme erkauft. Die Abandonereignisse geben eben dem Versicherten keinen unbedingten Anspruch auf die Versicherungssumme, zwingen ihn, Vermögensbestandteile zu opfern, zu abandonnieren. Der Versicherte ist nur hier ausnahmsweise im Gegensatz zu den übrigen Abandonfällen gezwungen, an Stelle von seiner Verfügungsgewalt entzogenen, so gut wie verlorenen, greifbare Vermögenswerte zu abandonnieren. Das ändert aber die Sach- und Rechtslage nicht.

Die vorgeschlagene Lösung steht übrigens nur in scheinbarem Widerspruch zur englischen Auffassung, „freight having been actually earned, the condition of the freight policy had been fulfilled, and the fact, that the freight had been paid not to the plaintiff (the shipowner) but to the underwriters on ship was held to make no difference."[1]) Ist ein Abandonereignis eingetreten, so ist nach deutschem Recht die Fracht in der Regel nicht verdient, ist ungewiß, ob und wann sie verdient wird. Die englische Lösung geht damit von anderen Voraussetzungen aus als die hier vorgeschlagene. Würde bei Eintritt eines Abandonereignisses feststehen, daß die Fracht verdient ist, wann sie zu zahlen ist, würde auch nach deutschem Recht selbstverständlich ein Abandon der Fracht unmöglich, der Frachtversicherer nicht zahlungspflichtig sein. Umgekehrt trägt die englische Rechtsauffassung dem Bedürfnis der Praxis so wenig Rechnung, oder sind die Voraussetzungen, von denen sie ausgeht, so wenig zutreffend, daß vielfach Klauseln vereinbart werden[2]), die den Anspruch auf die Versicherungssumme für die entgangene Fracht bei absolutem oder konstruktivem Verlust gewähren — und nach englischem Recht ist ja in den Abandonfällen konstruktiver Verlust gegeben. Diese Klauseln beseitigen die Härte der englischen Rechtsauffassung, gehen aber zu weit, da sie den Frachtversicherer um die ihm zukommende Fracht bringen und andererseits den Versicherten unberechtigt günstig stellen, ihm trotz des Abandons, durch den er sich der Fracht entäußert, einen der ganzen Fracht entsprechenden Wert zukommen lassen. Ein solches Ergebnis ist freilich, da das englische Recht eine Teilung der Fracht nicht kennt, schwer zu vermeiden, wenn man dem zweifellos bestehenden Schutzbedürfnis des Versicherten Rechnung tragen will. Der Versicherer wird Ausgleich für diese Härte bei Anwendung des englischen Rechts in höherer Prämienberechnung suchen müssen, während die vorgeschlagene deutsche Lösung eine geringere Prämienberechnung ermöglicht, damit die Versicherung praktisch wertvoller macht.

Das Gleiche, was bezüglich der Frachtversicherung ausgeführt ist, gilt auch für die Versicherung von Schiffsmiete und Überfahrtsgeldern. Auch hier besteht der Schaden, die Folge des Versicherungsfalls, darin, daß der Versicherte seine Forderungen auf Schiffsmiete oder Überfahrtsgelder ganz oder teilweise verliert. Auch hier liegt keine Kreditversicherung vor. Der Verlust muß vielmehr stets auf eine Gefahr der Seeschiffahrt, einen Seeunfall zurückzuführen sein. Abgesehen vom Forderungsverlust besteht in der Versicherung von Überfahrtsgeldern eine weitere Schadensmöglichkeit. Folge eines Versicherungsfalls kann auch sein, daß der Reeder gezwungen ist, die Reisenden in einem Zwischenhafen zu landen, ihnen dort Unterhalt zu gewähren, sie auf andere Weise als die vertraglich vorgesehene weiter zu befördern und ihnen für den am Reisegut entstandenen Schaden Ersatz zu leisten. Diese Schäden greifen die Existenz der Forderung auf die Überfahrtsgelder nicht an, sind vielmehr Vermögensbelastungen für den Reeder. Die Versicherung gegen diese Schäden gegen die Belastung des Vermögens des Versicherten mit solchen Ansprüchen, die ja durch die Versicherung von Überfahrtsgeldern mit gedeckt wird, ist Haftpflichtversicherung. Freilich ist auch sie Seeversicherung oder als Seeversicherung behandelt, ebensogut wie die Versicherung von indirektem Kollisionsschaden und die Versicherung gegen die Belastung mit Beiträgen zur großen Haverei. Das, was

[1]) Entscheidung des House of Lords bei Arnould, S. 1464, sect. 1176.

[2]) vgl. Arnould S. 1464 sect. 1176 note e.

über den Schaden bei diesen anderen Arten der Haftpflichtversicherung in der Seeversicherung gesagt ist[1]), trifft auch hier zu, so daß sich weitere Ausführungen an diesem Ort erübrigen.

c) Tatsächliche Folgen des Versicherungsfalles bei der Versicherung von Forderungen, zu deren Deckung ein den Gefahren der Seeschiffahrt ausgesetzter Gegenstand dient.

Forderungsversicherung wie die Versicherung von Fracht und ähnlichen Geldern ist auch — das ergibt schon die gewählte Bezeichnung — die Versicherung von Forderungen, zu deren Deckung ein den Gefahren der Seeschiffahrt ausgesetzter Gegenstand dient. Hier kommen in Betracht beispielsweise Bodmerei-, Haverei-, Kollisions- und Schiffshypothekenforderungen. Der Schaden in diesem Versicherungszweig aber ist ein anderer. Hier wird nicht durch den Versicherungsfall die Existenz der Forderung angegriffen, wie in der Frachtversicherung sondern der Versicherungsfall führt zum Verlust oder zur Wertminderung der in ihrer rechtlichen Grundlage unberührten Forderung dadurch, daß der zur Deckung dieser Forderung allein dienende Gegenstand vernichtet oder im Wert vermindert wird. Diese Versicherung steht damit der Kreditversicherung erheblich näher als die Versicherung von Fracht- und ähnlichen Geldern. Ja, sie ist schon bezeichnet als Kreditversicherung gegen Sachgefahren[2]). Das ist nicht unrichtig. Indessen, auch hier darf nicht vergessen werden, daß die Versicherung dieser Forderungen Seeversicherung ist. Nicht jeder Schaden durch Wertminderung oder Ausfall der versicherten Forderung geht zu Lasten des Versicherers. Versicherungsfall ist stets nur die Verwirklichung einer Seegefahr. Unter die Versicherung fallen, die Zahlungspflicht des Versicherers begründen daher auch nur Schäden, die durch die Verwirklichung einer Seegefahr verursacht sind. Möglich sind auch hier, wie in den übrigen Versicherungszweigen, Totalschäden und Teilschäden. Der zur Deckung der versicherten Forderung dienende Gegenstand kann durch einen Seeunfall gänzlich verloren gehen, oder im Wert vermindert werden. Entsprechend erleidet der Gläubiger, dem nur dieser Gegenstand zur Befriedigung dient, völligen oder teilweisen Ausfall seiner Forderung, Totalschaden oder Teilschaden.

III. Versicherungen, die die Güter betreffen.

1. Das Gefahrereignis.

Wie in den das Schiff betreffenden Versicherungen ist auch in den die Güter betreffenden Versicherungen der Versicherungsfall stets das Ereignis, die Gefahrenverwirklichung, und zwar hier das Einschlagen einer Seegefahr bei den Gütern. Unterschiede gegenüber den das Schiff betreffenden Versicherungen bestehen in grundsätzlicher Hinsicht nicht. Insbesondere trifft auch zu, was über den Versicherungsfall bei Seehaftpflichtversicherungen

[1]) vgl. oben S. 55.
[2]) Molt, S. 2, 6, Ritter S. 139 und LZ. 1907 S. 257.

(unter denen die Güter betreffenden Versicherungen kommt hier allein in Betracht die Belastung der Güter mit Beiträgen zur großen Haverei) und über den Versicherungsfall in den Abandonfällen gesagt ist. Wiederholungen hierüber erübrigen sich. Doch ist zu merken, ein das Schiff betreffender Seeunfall ist im allgemeinen auch für den Güterversicherer ein Ereignis, das geeignet ist, Schaden zu stiften, damit ein Versicherungsfall. Dagegen braucht ein die Güter betreffendes Gefahrereignis, z. B. das Überbordspülen von Deckladung, das Stürzen von Kisten mit bruchgefährlichem Inhalt beim Laden oder Löschen nicht auch generell geeignet zu sein, Schaden für das Schiff zu verursachen, braucht daher für die das Schiff betreffenden Versicherungen kein Versicherungsfall zu sein. In einer, übrigens rein äußerlichen Hinsicht unterscheiden sich die das Schiff und die die Güter betreffenden Versicherungen wesentlich. Bei den das Schiff betreffenden Versicherungen pflegt, wie oben bereits angegeben, die Feststellung des Versicherungsfalls keine Schwierigkeiten zu bereiten. Es ist deutlich sichtbar, wann und wie Gefahrereignisse das Schiff betreffen. Das ist anders bei den die Güter betreffenden Versicherungen. Hier wird der Versicherte häufig bei Beendigung der Reise entdecken, daß ein Schaden eingetreten ist. Wann aber dieser Schaden eingetreten und worauf er zurückzuführen ist, ist schwer oder unmöglich festzustellen. Grundsätzlich muß der Versicherte, der den Versicherer in Anspruch nimmt, den Eintritt des Versicherungsfalles, auf den er seine Ansprüche stützt, nachweisen, wie stets der Kläger die klagbegründenden Tatsachen nachweisen muß und wie übrigens auch § 882 II Ziff. 3 HGB. ausdrücklich bestimmt. Diese Auffassung wird auch mit aller Strenge zum Ausdruck gebracht in einer vom Reichsgericht bestätigten Entscheidung des Hanseatischen Oberlandesgerichts[1]). Es heißt dort, der Nachweis, daß die Güter in Europa verladen seien, und daß sie in Arequipa bei Beendigung des Transportes gefehlt hätten, genüge nicht, um die Haftung des Versicherers zu liquidieren. Der Unfall auf den der Anspruch gestützt werde, müsse dargetan werden. Diese Regelung enthält für den Versicherten eine große Härte, da ihm ein solcher Nachweis oft unmöglich ist. Im Hinblick auf die Beweisnotlage des Versicherten geben daher schon die Protokolle zum HGB.[2]) den Hinweis, § 882 II Ziff. 3 sei nicht streng auszulegen. Ritter sucht dem Versicherten noch weiter zu helfen und kommt hierbei, wenn auch auf unrichtigem Wege, zu einer praktisch befriedigenden Lösung. Er führt aus[3]), § 882 HGB. regele ohne hinreichend scharfe Unterscheidung drei sorgsam zu trennende Dinge, die Beweislast, die Fälligkeit des Entschädigungsanspruchs und die Auskunftspflicht des Versicherten. Hierbei sei die Beweislast zu kurz gekommen. Es sei daher wie folgt vorzugehen: Der Versicherte habe selbstverständlich über den Unfall Auskunft zu erteilen. Die Auskunftserteilung sei Gegenstand einer besonderen Verpflichtung des Versicherten. Wenn der Versicherte dieser Verpflichtung nicht nachkommen könne, so habe die Lehre von der Unmöglichkeit der Leistung Anwendung zu finden und der Versicherte habe nur darzulegen, daß es ihm ohne sein Verschulden unmöglich sei, Auskunft zu erteilen. Einen Unfall müsse der Versicherte nur dann

[1]) HGZ. 1888 S. 27.
[2]) S. 3553.
[3]) Ritter, S. 462.

nachweisen, wenn zweifelhaft sei, ob sich das Gefahrereignis während der Dauer der Versicherung oder aber nachher oder vorher zugetragen habe. Im übrigen aber brauche der Versicherte ein bestimmtes Gefahrereignis nicht nachzuweisen. Einen anderen Anhalt als das Bedürfnis der Praxis hat diese Deduktion Ritter's nicht. Allein, um den Interessen des in der Regel hilfsbedürftigen Versicherten Rechnung zu tragen und gegen die ausdrückliche Bestimmung des HGB. wie überhaupt die Grundregeln jeglichen Rechtsstreits entbindet Ritter den Versicherten von der Verpflichtung, die klagbegründenden Tatsachen zu beweisen und wiederum allein, um das in diesem einen Sonderfall zu stark bedrohte Interesse des Versicherers zu entlasten, macht er eine Ausnahme von der allgemeinen Regel und legt dem Versicherten die Beweislast auf, wenn zweifelhaft ist, ob sich der Versicherungsfall während der Dauer der Versicherung zugetragen hat. Richtiger scheint folgender Weg: Der Versicherte hat grundsätzlich den Eintritt des oder eines Versicherungsfalles nachzuweisen. Der Beweis für den Eintritt eines Gefahrereignisses überhaupt wird aber vielfach bereits mit dem Nachweis des Schadens erbracht sein. Werden nachweislich heil verpackte Maschinen beim Öffnen der Kisten zerbrochen vorgefunden, dann kann das nur auf ein Gefahrereignis zurückzuführen sein; werden fest verschlossene Kisten aufgebrochen und leer vorgefunden, dann müssen sie beraubt sein. Da der Versicherer in der Seeversicherung grundsätzlich für alle Gefahren haftet, ist es überflüssig, würde es Schikane sein, wenn der Versicherer, obwohl feststeht, daß ein Gefahrereignis eingetreten ist, noch genaue Schilderung verlangen wollte, wann wie und wo dies geschehen ist. Freilich, wenn zweifelhaft sein kann, ob der Schaden auf eine Gefahr zurückzuführen ist, für die der Versicherer haftet, oder ob das Gefahrereignis, das den Schaden verursacht haben muß, während der Dauer der Versicherung eingetreten ist, dann muß der Versicherte genau beweisen, daß der entstandene Schaden auf eine Gefahr zurückzuführen ist, für die der Versicherer haftet, daß sich die Gefahr verwirklicht hat zu einer Zeit, als der Versicherer haftete. Eine mit dieser Auffassung im Ergebnis übereinstimmende Ansicht äußert übrigens das Hanseatische Oberlandesgericht[1]). In jenem Fall waren Kisten bei Hamburger Quartiersleuten unbeschädigt abgeliefert, bei der Annahme am Quai als „zerbrochen" und „anscheinend beraubt" bezeichnet, und später bei der Ankunft in Boston leer vorgefunden worden. Der Lauf der Versicherung begann mit der Ablieferung der Kisten an die Hamburger Quartiersleute. Der genaue Augenblick der Beraubung war nicht zu ermitteln. Das Hanseatische Oberlandesgericht hat hier nach freier richterlicher Überzeugung den Beweis als erbracht angesehen, daß die Kisten während der Dauer der Versicherung beraubt seien.

Selbstverständlich ist, daß trotz dieser Beweiserleichterungen für den Versicherten auch in den die Güter betreffenden Versicherungen Versicherungsfall und Schaden, Ereignis und Folgen scharf zu trennen sind. Das würde keines besonderen Hinweises bedürfen, wenn nicht aus einem Grund hier besonders leicht Irrtümer möglich wären. Bei den in der Güterversicherung besonders wichtigen Fällen von Beschädigung, Bruch und

---

[1]) Urt. v. 19. 2. 24 Akt. Z. Bf. III, 356/23.

dergleichen scheinen schädigendes Ereignis und Schadenserfolg zusammenzufallen. Doch ist dies tatsächlich nicht der Fall. Versicherungsfall ist hier das Stürzen der Kisten oder die sonstige Ursache des Beschädigtwerdens, Schaden, wie auch an anderm Ort ausgeführt wird, der Zustand des Beschädigtseins. Die Verwechslung wird verursacht durch die Vieldeutigkeit der Worte „Beschädigung" und „Bruch", die bald zu verstehen sind als Zustand des Beschädigtseins, bald als Ereignis des Beschädigtwerdens[1]). Diese vieldeutige Verwendung des Wortes berechtigt aber nicht, auf eine Verschmelzung der Begriffe zu schließen.

2. Die tatsächlichen Folgen des Versicherungsfalles.

a) Tatsächliche Folgen des Versicherungsfalles in der Güterversicherung.

Wie in der Kaskoversicherung spielen auch in der Güterversicherung — beide Versicherungen gewähren ja Schutz in erster Linie dem Eigentümerinteresse an der versicherten Sache — die größte Rolle unter den möglichen Folgen des Versicherungsfalles die reinen Substanzschäden. In erster Linie kommt hier in Betracht der Totalverlust, der identisch ist mit dem in der Kaskoversicherung. Auch er umfaßt die Fälle der körperlichen Entziehung oder Veränderung der versicherten Sache. Daß die Feststellung der Zerstörung der ursprünglichen Beschaffenheit durch Sachverständige zu erfolgen hat, bedeutet keinen Unterschied gegenüber der Kaskoversicherung. Der Zustand der Zerstörung der ursprünglichen Beschaffenheit ist der gleiche, auch wenn er auf verschiedene Art festgestellt wird. Übrigens wird auch in der Kaskoversicherung in praxi kaum ein Fall vorkommen, wo diese Zerstörung nicht durch Sachverständige festgestellt wird. Das Gleiche wie für den Totalverlust gilt auch für den Totalverlust eines besonders taxierten Teiles und ebenso für die Folgen der Abandonereignisse. Auch sie sind identisch in Kasko- und Güterversicherung.

Der Totalverlust (übrigens nicht nur Totalverlust, sondern auch andere Schäden) können verursacht werden durch inneren Verderb der Güter. Für solchen durch inneren Verderb verursachten Schaden haftet in der Regel der Versicherer nicht; er geht nicht auf eine Gefahr der Seeschiffahrt, nicht auf einen Versicherungsfall zurück. Trotzdem ist selbstverständlich der aus solchem Verderb hervorgegangene Zustand auch Totalverlust, ebensogut wie es in der Kaskoversicherung Verluste gibt, die nicht auf Versicherungsfälle zurückzuführen sind[2]).

Anders als in der Kaskoversicherung ist in der Güterversicherung die Rolle des Teilverlustes. Hat er dort schon eine gewisse Ähnlichkeit mit dem Totalverlust, so nähert er sich ihm hier noch beträchtlich mehr. Er ist sogar bezüglich des betroffenen Teiles der Güter Totalverlust, wird daher gemäß § 92 ADS. durchaus mit Recht auch wie ein solcher behandelt, bleibt Teilverlust nur deshalb, weil die Entziehung oder Zerstörung der versicherten Sache nur bei einem Teil, nicht bei den ganzen versicherten

---

[1]) s. auch unten S. 65ff.

[2]) Ebenso Ritter S. 495; abweichend HGZ. 1892 S. 298.

Gütern vorliegt. Vielfach sind die Versuche, das Wesen dieses Teilverlustes durch umschreibende Verwendung der Bezeichnung „Totalverlust" zum Ausdruck zu bringen. Am besten treffen hier die Feststellungen von Ritter[1]), man könne ... (zur Gegenüberstellung von Verlust und Beschädigung) davon sprechen, daß ein Teil der Güter total verloren sei und von Chalmers[2]), „a total loss of part is a partial loss". Dagegen weist Ritter nicht mit Unrecht darauf hin, daß die Bezeichnung teilweiser Totalverlust eine contradictio in adjecto sei.

Von besonderer Wichtigkeit ist in der Güterversicherung der letzte der als Folgen des Versicherungsfalls vorkommenden Substanzschäden, die Beschädigung. In ihrem Wesen ist sie dasselbe, wie in der Kaskoversicherung, die Minderung des Wertes oder der Tauglichkeit der versicherten Güter durch teilweise Vernichtung oder durch das Ganze oder einen Teil erfassende Veränderung der Substanz. Schwierigkeiten bereiten und zu Verwechselungen Anlaß geben kann hier, daß das Wort „Beschädigung", wie bereits oben angedeutet[3]), in doppeltem Sinne gebraucht wird. Es wird darunter nicht nur der Zustand des Beschädigtseins verstanden, wie im Allgemeinen in den ADS., sondern auch das Ereignis des Beschädigtwerdens, so in § 851 HGB. und auch in § 113 Satz 1 Halbsatz 2 ADS. Dies Ereignis des Beschädigtwerdens ist nicht Folge des Versicherungsfalls wie der Zustand des Beschädigtseins, sondern ist selbst Gefahrereignis. Scharfe Scheidung beider Bedeutungen ist notwendig. Der Richter, der sie vermissen läßt, wird leicht dazu gelangen, an Stelle des Zustandes, zu dem der Versicherungsfall geführt hat, nur seine Ursache zu prüfen. Solche Verwechselung kann Mißverständnisse und insbesondere eine falsche Auslegung der Klausel „frei von Beschädigung" und der ihr verwandten Klauseln[4]) verursachen. Der Sinn des § 113 ADS., der sich mit der erstgenannten Klausel beschäftigt, ist folgender: Der erste Satz des Paragraphen enthält zwei Regeln. Zunächst, der Versicherer haftet nicht, wenn der Versicherungsfall nur zu einer Beschädigung der versicherten Sache, zum Zustand des Beschädigtseins führt. Die Regel ist im Ergebnis eine ähnliche, nur noch weitergehend als die der §§ 117, 118 ADS.[5]), die den Versicherer von der Haftung für gewisse Schäden, insbesondere Bagatellschäden befreit. Darüber hinaus schränkt der Paragraph für die Güterversicherung die Haftung des Versicherers weiterhin ein, nicht durch Ausschluß bestimmter Gefahren, sondern durch Aufstellung einer besonderen Kausalitätsregel. In schärfster Weise wird hier die Regel von der causa proxima statuiert: Führt ein Versicherungsfall zur Beschädigung und weiterhin, also mittelbar, erst diese Beschädigung zum Verlust, so haftet der Versicherer nicht; der Kausalzusammenhang gilt als unterbrochen. Causa proxima des Verlustes ist die Beschädigung, für die der Versicherer nicht haftet. Interessant ist an dieser Regel besonders, daß sie sich deutlich als Ausnahmeregel zeigt, daß also das — argumentum e contrario — Versicherungsrecht im übrigen nicht von der gleichen Kausalitätsregel, wenigstens nicht in dieser strengsten

---

[1]) S. 1077. [2]) S. 84.
[3]) siehe oben S. 64.
[4]) „Frei von Beschädigung außer im Strandungsfall," „frei von Bruch" und ähnl.
[5]) Klauseln: „Frei von gewissen Prozenten" und „frei von gewissen ersten Prozenten."

Form, die nur das letzte Ereignis als causa gelten lassen will, beherrscht wird.

Denkbar und praktisch nicht selten ist, daß der Versicherungsfall in unmittelbarem Fortwirken, sozusagen in einem Atemzug, von der Beschädigung zum Verlust führt; ja jeder Verlust durch Vernichtung der Substanz wird mit einer Beschädigung beginnen. Es würde falsch sein, in solchen Fällen noch von Beschädigung zu sprechen, für sie einen besonderen assekuranzrechtlichen Begriff der Beschädigung zu schaffen. Ritter rügt mit Recht diesen Versuch einer Begriffsjurisprudenz. Was verloren sei, sei verloren. Führt ein beschädigend beginnendes Ereignis unmittelbar über die Beschädigung zum Verlust, dann verschlingt (ausnahmsweise[1])) der Totalverlust den Partialschaden, der (wenn nicht schon natürlichen), so doch verkehrsmäßigen Betrachtung stellt sich das Ganze ausschließlich als Verlust da, nicht als Beschädigung oder als Beschädigung plus Verlust[2]). Das ist auch in der Rechtsprechung anerkannt, sowohl vom Reichsgericht[3]) wie vom Hanseatischen Oberlandesgericht[4]). Trotzdem, also auch wenn ein Ereignis unmittelbar über die Beschädigung zum Verlust führt, haftet der Versicherer bei Vereinbarung der Klausel „frei von Beschädigung" und den ihr verwandten Klauseln nicht immer. Die Haftung des Versicherers wird darauf abgestellt, ob sich das verursachende Ereignis seiner Natur nach als beschädigendes oder als Verlustereignis darstelle. Das Losschlagen der Verschnürung von auf Deck verpackten Ölfässern im Sturm und dann das Überbordspülen der Fässer im gleichen Sturm ist Verlustereignis. Die Lockerung der Stauung von Honigtierces, die zum Zerbrechen und zur völligen Zerstampfung einer Reihe von Tierces führt, ist beschädigendes Ereignis, ebenso das Leckschlagen von Fässern und Behältern mit Flüssigkeit, das zum völligen Auslaufen führt, ebenso das Stürzen oder Schleudern von Kisten und Packungen mit zerbrechlichen Waren wie Porzellan oder Maschinenteilen, das durch Bruch die Ware nicht nur beschädigt, sondern in ihrer ursprünglichen Beschaffenheit zerstört, also zum Verlust führt. Der Grundsatz von der causa proxima kann zur Erklärung dieser Regelung nicht mehr dienen. Auch bei Überspannung des Grundsatzes von der causa proxima läßt sich nicht leugnen, daß hier der Versicherungsfall unmittelbar zum Verlust geführt hat, daß causa proxima des Verlustes nicht der Zustand der Beschädigung, sondern der Versicherungsfall war. Es wird vielmehr von vornherein die Haftung für die Schadensfolgen bestimmter Versicherungsfälle ausgeschlossen, auch wenn sich diese Gefahrereignisse als Verwirklichungen der vom Versicherer übernommenen Gefahren darstellen. Es mag dahingestellt bleiben, ob diese Regelung den Systematiker befriedigt. Die Praxis wünscht sie, hat sie geschaffen aus dem Bedürfnis, die ewigen Streitigkeiten darüber zu vermeiden, ob gewisse Schäden durch die natürliche Beschaffenheit der Güter oder durch Versicherungsfälle verursacht seien. Die Rechtsprechung hat dem Wunsch der Praxis Rechnung getragen und mit wenigen Ausnahmen bei Vereinbarung von Klauseln wie

---

[1]) Voigt S. 384; Ritter S. 493, 476.
[2]) Ritter S. 1280.
[3]) RG. 69, 240; 89, 146.
[4]) HGZ. 1892 S. 298 und 1900 S. 96; ebenso auch LG. Hamburg in HGZ. 1899 S. 113.

„frei von Beschädigung“ und ähnlichen in Fällen wie den oben genannten den durch sogen. typische Beschädigungs- oder Bruchereignisse herbeigeführten Verlust unberücksichtigt gelassen[1]). Der Theoretiker hat die Bedürfnisse der Praxis zu respektieren. Er kann daher die getroffene Regelung nur hinnehmen, hat kein Recht, sie aus systematischen Gründen zu kritisieren.

Im Anschluß an die reinen Substanzschäden in der Güterversicherung ist eine Folge des Versicherungsfalles zu besprechen, die, zwar an sich anderer Natur, doch unter Umständen auch zur Entziehung der Substanz der versicherten Güter führen kann. Die Güter können nach Eintritt eines Versicherungsfalles verbodmet oder es kann sonst über sie zum Zweck der Fortsetzung der Reise verfügt werden. Die die Beschädigungsereignisse beherrschende Kausalregel von der causa proxima hat hier keine Geltung. Im Gegenteil, trotz weitgehender Lockerung gilt der Kausalzusammenhang nicht als unterbrochen. Sämtliche Substanzschäden mußten entstanden sein unter unmittelbarer Einwirkung der sie verursachenden Gefahrereignisse. Die Verbodmung oder sonstige Verfügung über die Güter stellt nicht mehr ein selbständiges Fortwirken des Gefahrereignisses, des Seeunfalles, dar; sie erfolgt aus freier Entschließung des über die Güter Verfügungsberechtigten, des Schiffers. Trotzdem, kraft positiver Regelung gilt der Kausalzusammenhang nicht als unterbrochen; der Versicherer haftet. In mancher Hinsicht ist das freilich nicht überraschend. Die Verbodmung oder sonstige Verfügung kann eine Maßnahme sein, zur Abwendung oder Minderung von Versicherungsschaden. Dann fällt sie dem Versicherer schon gemäß § 838, 839 HGB., 31 ADS. zur Last. Die Vorschrift des § 820, II Ziff. 5 HGB., § 81 ADS. würde insofern unnötig sein. Die Verbodmung oder sonstige Verfügung kann ferner die verbodmet gewesenen Güter mit Havereibeiträgen belasten. Der Versicherer haftet dann bereits gemäß § 29ff ADS. Auch insofern würde es des § 820, II Ziff. 5 HGB., 81 ADS. nicht bedürfen. Sowohl im Falle des § 29 wie des § 31 ADS. ist der — wie übrigens stets der in Kosten von Schadensabwendungsmaßnahmen bestehende — Schaden der letzten Endes eingetreten ist, und der vom Versicherer zu ersetzen ist, nicht durch unmittelbares Fortwirken des Gefahrereignisses, sondern durch freie Entschließung des Verfügungsberechtigten entstanden; er ist von ihm herbeigeführt. § 81 ADS. enthält also bis hierher nichts Außergewöhnliches. Denkbar ist aber auch der Fall, daß die Verbodmung oder sonstige Verfügung nicht zur Abwendung von (dem Güterversicherer zur Last fallenden) Versicherungsschaden erfolgt, daß die Güter durch die Verbodmung oder sonstige Verfügung dem Versicherten ohne Aussicht auf Wiedererlangung entzogen werden, ihm also verloren gehen und daß der Versicherte aus Schiff, Fracht und der übrigen Ladung, bzw. falls die Güter die ganze Ladung ausmachten, aus Schiff und Fracht keinen hinreichenden Ersatz bekommen kann. Hier ist es eine Besonderheit, daß der Vesicherte Ersatz seines ganzen Schadens vom Versicherer verlangen kann, gegen Übergang natürlich der Ersatzansprüche auf den Versicherer, obwohl der Schaden durch eine Maßregel des über die versicherten Güter

[1]) vgl. RG. HGZ. 1899 S. 190; Hans. OLG. HGZ. 1899 S. 114; 1870, 98; 144; und insbes. HGZ. 1887, 186 und RG. 56, 402; 89, 146.

Verfügungsberechtigten herbeigeführt wurde, die nicht der Abwendung von Versicherungsschaden diente. Hier würde ohne die positive Vorschrift des §§ 81 ADS., 820, II Ziff. 5 HGB. der Versicherer nicht haften.

Billig ist diese Regelung. Der Schiffer ist über die Güter verfügungsberechtigt in der Regel nicht durch die ausdrückliche Ermächtigung des Versicherten, sondern durch die gesetzlichen Vorschriften des Seerechts. Der Versicherte kann sogar durch ausdrückliches Verbot nicht die Verfügungsberechtigung des Schiffers im Außenverhältnis Dritten gegenüber einschränken. Es erscheint befriedigend, den Versicherer haften zu lassen, für einen Schaden, der, wenn auch durch Herbeiführung des Verfügungsberechtigten, so doch nicht mit Willen des Versicherten entstanden ist, ja dessen Entstehung von ihm nicht gehindert werden konnte.

Neben den Substanzschäden und den Schäden, die wenigstens als Substanzschäden auftreten können, gibt es in der Güterversicherung noch eine Schadensmöglichkeit völlig anderer Art. Folge eines Versicherungsfalles kann sein, daß die versicherten Güter mit einem andern als dem im Vertrage bestimmten Schiff oder zu Lande weiterbefördert werden müssen, sei es, weil das im Vertrage bestimmte Schiff verloren oder sonst unfähig ist, die Reise fortzusetzen, sei es, weil der Reeder ohne Zustimmung des Versicherten die Reise des Schiffes aufgibt. Solche anderweitige Beförderung sowie die eventuell nötige einstweilige Lagerung verschlingt Kosten, für die der Versicherer haftet, soweit sie die ohne den Versicherungsfall entstandenen Kosten der Beförderung übersteigen. Diese Kosten sind keine Substanzschäden. Die versicherten Güter können völlig unbeschädigt sein. Sie sind auch keine Haftpflichtschäden, obwohl sie Leistungen aus dem Vermögen des Versicherten verlangen. Ihnen liegt kein aus direktem Fortwirken der verwirklichten Gefahr entstandener Anspruch Dritter zugrunde. Der Versicherte muß diese Kosten vielmehr im eigenen Interesse aufwenden, damit ihm die Güter nicht dort, wo sie gelöscht werden mußten und wo sie eventuell unverwertbar oder schlecht verwertbar sind, verloren gehen. Er wendet aber diese Kosten nicht nur im eigenen Interesse auf, sondern auch im Interesse des Versicherers. Der Versicherer würde ja für einen durch den Versicherungsfall verursachten Verlust haften. Der Versicherte ist verpflichtet, Maßnahmen zu treffen, die diesen Verlust abwenden. Damit ist das Wesen dieser Kosten erfaßt. Sie sind nicht Schäden, die entstehen infolge des Versicherungsfalles. Die einstweilige Lagerung und Weiterbeförderung der Güter sind vielmehr Maßnahmen, die der Versicherte trifft, treffen muß zur Abwendung von Versicherungsschaden. Der Versicherte muß daher genau wie auch sonst bezüglich der Abwendungsmaßnahmen die Weisungen des Versicherers einholen und befolgen. Die Vorschriften über einstweilige Lagerung und Weiterbeförderung bedürfen noch einer Ergänzung, die auch vorhanden ist. Es ist möglich, daß durch diese Maßregeln der Schaden nicht gemindert, sondern vergrößert wird, daß die Maßnahmen unpraktisch sind. In diesem Fall kann vom Versicherer nicht verlangt werden, den Versicherten anzuweisen, die Güter weiter zu befördern. Die zweckmäßige Maßregel ist hier, so schnell und billig wie möglich, aus der verlustbringenden Unternehmung herauszukommen. Entsprechend kann der Versicherer den Versicherten anweisen, die Güter unter seiner Mitwirkung zu verkaufen. Die Vorschriften der §§ 95 Abs. 3 und 96 ADS. sind mit Recht in räumlich nahen Zusammenhang gebracht. Endigt die Reise des im Vertrage bestimmten Schiffes infolge eines dem Versicherer zur Last fallenden Seeunfalls, dann gibt es zwei Arten für Schadensabwendung und Minderung zu sorgen: Weiterbeförderung oder Verkauf. Die Zweckmäßigkeit entscheidet, welche zu wählen ist. Es muß also Klarheit darüber herrschen, daß hier nicht Schadensfolgen des Versicherungsfalles festgestellt, sondern Schadensabwendungspflichten bzw. Obliegenheiten des Versicherten statuiert werden.

Haftpflichtschäden, wie sie in der Kaskoversicherung häufiger sind, spielen in der Güterversicherung eine geringe Rolle. Sie kommen vor bei Belastung des Schiffes mit Havariegrosse-Beiträgen, die bereits bei Besprechung der Verbodmung und sonstiger Verfügungen über die Güter erwähnt wurden. Diese Belastung mit Havariegrosse-Beiträgen ist wesensgleich mit der in der Kaskoversicherung, so daß sich über sie ebenso wie über den Versicherungsfall selbst nochmalige Ausführungen erübrigen[1]).

Zusammenfassend läßt sich sagen, daß die wesentlichste, fast ließe sich sagen, allein eine wesentliche Rolle in der Güterversicherung die Substanzschäden spielen. Andere Schadensarten treten daneben völlig zurück.

b) Tatsächliche Folgen des Versicherungsfalls bei der Versicherung von imaginärem Gewinn und imaginärer Provision.

Abschließend seien die Schadensfolgen bei der Versicherung von imaginärem Gewinn und ähnlichen Versicherungen behandelt. Hier ist vorauszuschicken, daß an sich sowohl Gewinn versichert werden könnte, der davon erwartet wird, daß das Schiff die Gefahren der Seeschiffahrt übersteht, wie davon, daß die Güter dies tun. Praktisch üblich ist nur die Versicherung des von der Ankunft der Güter am Bestimmungsort erwarteten Gewinns. Nur diese Versicherung wird unter den in § 779 HGB. aufgezählten Beispielen möglicher Versicherungsarten genannt. Versicherung anderen imaginären Gewinns kommt abgesehen von vereinzelten Ausnahmen[2]) nicht vor. Die folgenden Ausführungen werden daher entsprechend dem gemeinen Brauch unter der Versicherung imaginären Gewinns nur die Versicherung des von der Ankunft der Güter am Bestimmungsort erwarteten Gewinns verstehen. Andere Gewinnversicherungen können um so eher unberücksichtigt bleiben, als für sie Besonderheiten nicht gelten, sie vielmehr den hier Behandelten wesensgleich sind.

Konnte in einer Reihe von anderen Fällen, so z. B. den Abandonfällen, die Feststellung des Versicherungsfalles Schwierigkeiten bereiten, so ist es hier schwer, die Schadensfolge des Versicherungsfalls genau zu fixieren. Über den Versicherungsfall selbst besteht kein Zweifel. Er ist, wie stets, das Ereignis der (See-)Gefahrverwirklichung, in erster Linie der Seeunfall. Ob aber dieser Seeunfall abgesehen von Substanzschäden, die hier nicht in Betracht kommen, noch weitere Schadensfolgen nach sich zieht, kann oft zweifelhaft sein. Ja, streng genommen, gibt es in der Gewinnversicherung überhaupt keinen Schaden, keine Verringerung des greifbaren Vermögens

---

[1]) Oben S. 55, vgl. auch S. 60/61.
[2]) Ritter, S. 107, HGZ. 1891 S. 24.

des Versicherten in irgend einer Form. Die Gewinnversicherung war daher auch lange Zeit verboten. (Vgl. Preuß. Seerecht von 1727, VI, 10: Die Versicherungen über verhoffte Gewinne, allerlei Wetten und dergleichen Erfindungen, zu verdienende Schiffsfrachten, Heuer der Schiffsleute und Leben der Menschen sollen durchgehends unerlaubet und ohne Kraft sein.) Nach Fallen der gesetzlichen Hinderungen hat sich die Gewinnversicherung dafür weitgehend von den Prinzipien der Schadensversicherung entfernt. Versichert ist der Gewinn, der von der Ankunft der Güter am Bestimmungsort möglicherweise erwartet wird[1]). Man beschränkt sich also nicht, wie in der Binnenversicherung und wie bei der Festsetzung der Schadensersatzpflicht im BGB. auf den Gewinn, der als wahrscheinlich erwartet werden konnte oder der nachweislich infolge des Ereignisses entgeht. Im Gegenteil, nach Eintritt des Versicherungsfalles kann in der Gewinnversicherung höchst zweifelhaft sein, ob es auf den Versicherungsfall zurückzuführen ist, daß der Gewinn nicht erzielt wurde, ja es kann nachweisbar sein, daß der Gewinn, nach dem Lauf, den die Dinge inzwischen genommen hatten, eventuell mit Rücksicht auf das Fallen der Konjunktur auch ohne den Eintritt des Versicherungsfalles nicht erzielt sein würde[2]). Trotzdem ist, falls nur bei Abschluß der Versicherung die Erzielung des Gewinns nach kaufmännischer Berechnung als möglich erwartet werden konnte, die Leistungspflicht des Versicherers nicht ausgeschlossen. Die Folge des Versicherungsfalles, der Schaden, auf den es hier ankommt, kann also nicht in dem Entgehen des Gewinns unmittelbar, muß in etwas anderem bestehen, soll nicht die Versicherung einer reinen Wettversicherung gleichstehen, wie das preußische Seerecht annahm. Dies andere, die wahre Schadensfolge des Versicherungsfalles in der Gewinnversicherung hat das Reichsgericht[3]) schon frühzeitig und ihm folgend auch Ritter[4]) richtig erkannt. Der Schaden besteht darin, daß dem Versicherten die Möglichkeit genommen wird, den Gewinn von der Ankunft der Güter am Bestimmungsort zu erzielen, den er bei Abschluß des Vertrages nach (vernünftiger) kaufmännischer Berechnung als möglich erwarten konnte. Diese Möglichkeit kann ihm genommen werden dadurch, daß die Güter total verloren gehen, aber auch bereits dadurch, daß sie den Bestimmungsort nicht erreichen. Entsprechend gelten die Güter auch als total verloren, wenn sie den Bestimmungsort nicht erreichen. Es würde dieser Formulierung, „die Güter gelten als verloren" nicht bedurft haben. Sie ist diktiert von dem Gedanken, der Versicherer brauche nur bei Totalverlust die Versicherungssumme zu zahlen. Ist erkannt, daß das versicherte Interesse in gleicher Weise beeinträchtigt wird, wenn die Güter total verloren gehen, wie wenn sie den Bestimmungsort nicht erreichen, so ist nur selbstverständlich, daß der Versicherer in beiden Fällen gleich haftet. Diese Feststellung würde genügt haben, die Umschreibung des zweiten Zustandes mit der Bezeichnung „Totalverlust" kann keine weitere Klärung schaffen, eventuell Begriffsverwirrung stiften.

Endlich kann die Möglichkeit, den erwarteten Gewinn zu erzielen, auch

[1]) vgl. § 793 HGB.
[2]) siehe auch unten S. 71.
[3]) RG. 15, 92.
[4]) S. 94ff. insbes. S. 98.

dadurch beeinträchtigt werden, daß die Güter den Bestimmungsort beschädigt erreichen. Die Verwertbarkeit und die Gewinnchancen werden dadurch verringert. Entsprechend dieser Verringerung, nicht völligen Unterbindung der Möglichkeit, Gewinn zu erzielen, ist auch der Versicherer leistungspflichtig, doch nur teilleistungspflichtig, braucht nicht die ganze Versicherungssumme zu zahlen.

Die Schadensfolge des Versicherungsfalls in der Gewinnversicherung ist damit festgestellt. Selbstverständlich ist, daß Gewinn, dessen Erzielung nicht als möglich erwartet werden kann, nicht versichert werden kann. Sind Güter bereits fest verkauft, steht also die Höhe des zu erwartenden Gewinns bereits fest, dann kann kein höherer Gewinn versichert werden. Da keine Möglichkeit besteht, einen höheren Gewinn zu erzielen, kann diese Möglichkeit auch nicht durch den Versicherungsfall beeinträchtigt werden. Umgekehrt, bestand diese Möglichkeit bei Abschluß des Vertrages, so ist gleichgültig, ob sie sich je verwirklicht hätte. Der Versicherer kann sich nicht auf den Rückgang der Konjunktur berufen. Der Versicherungsfall kann daher unter Umständen zu einem Glücksfall des Versicherten führen, ihn günstiger stellen, als die glückliche Beendigung der Reise getan hätte. Aber „ein ausnahmsloser Rechtssatz, daß ein Unfall in seinen tatsächlichen Konsequenzen niemals zu einem Glücksfall für den Versicherten ausschlagen dürfe," besteht, wie das Reichsgericht[1]) und ihm folgend auch das Hanseatische Oberlandesgericht schon wiederholt festgestellt haben, nicht. Die Seeversicherung oder speziell die Gewinnversicherung entfernt sich hier weitgehend von dem sonst das Sachversicherungsrecht beherrschenden Prinzip, daß nur entstandener Schaden zu ersetzen sei. Der nächste Schritt auf diesem Wege führt dahin, zu gestatten, daß der Versicherer dem Versicherten für den Eintritt eines bestimmten Ereignisses bestimmte Leistungen verspricht ohne Rücksicht auf irgend einen durch diese Ereignisse verursachten Schaden, führt damit zu der so sehr gefürchteten und verrufenen Wettversicherung. Und tatsächlich ist der Gedanke der Prüfung wert, ob nicht das Seeversicherungsrecht, „dessen Sätze auf eine praktische, für den Großverkehr geeignete Handhabung gemünzt sind und häufig auf glatte Erledigung der Schadensfälle mehr Rücksicht nehmen, als auf absolute Korrektheit"[2]), in der Entwicklung dahin drängt, die Abhängigkeit der Zahlung des Versicherers vom nachweisbar entstandenen Schaden mehr und mehr zu überwinden, diese Leistung nur noch zum Vertrag in Beziehung zu setzen. Dem Bedürfnis der Praxis entspricht es, Beweisstreitigkeiten über Art und Umfang des entstandenen Schadens abzuschneiden. Aus diesem Bedürfnis heraus sind Klauseln entstanden wie:

„Taxiert zu ℳ 10000. — als Versicherungswert geltend auf Basis gegenseitiger Übereinkunft ohne weiteren Beweis" und

„Im Schadensfalle bedarf es keines weiteren Nachweises des Interesses als nur dieser Police"

u. a. m.

---

[1]) HGZ. 1894 S. 194, 1895 S. 259, 1898 S. 293, 1903 S. 292.

[2]) vgl. RG. 77, 307; ebenso Ritter S. 877.

Die Rechtsprechung hat diesem Bedürfnis nicht immer Rechnung getragen[1]). Es erscheint nicht unbedenklich, sich einem Prinzip zuliebe den Bedürfnissen der Praxis zu verschließen, der Entwicklung entgegenzustemmen. Die Frage zu lösen, ist an diesem Ort nicht möglich. Immerhin sollte auf sie hingewiesen werden.

Wie imaginärer Gewinn kann auch imaginäre Provision versichert werden. Der Schaden ist hier wie dort der gleiche. Er besteht in der Beeinträchtigung der Möglichkeit, Provision zu verdienen. Nur ein Unterschied soll bestehen: Versicherbar ist gemäß § 793 HGB., der nach kaufmännischer Berechnung möglicherweise zu erwartende Gewinn. Diese Feststellung steht im Gegensatz zum sonstigen Schadensersatzrecht, das nur den nach dem gewöhnlichen Lauf der Dinge oder nach den besonderen Umständen, insbesondere nach den geschaffenen Anstalten und Vorkehrungen mit Wahrscheinlichkeit zu erwartenden Gewinn berücksichtigt. Sie soll nach Ritter[2]) als Ausnahmeregel nicht analog anwendbar sein auf die Versicherung imaginärer Provision. Das scheint zweifelhaft. § 793 HGB. bestimmt nicht klar als Ausnahmeregel, daß imaginärer Gewinn versicherbar sei, der nach kaufmännischer Berechnung als möglich erwartet werden könne. Es ergibt sich vielmehr aus seinem Inhalt diese Möglichkeit, die dort als etwas scheinbar Selbstverständliches erwähnt wird. § 793 HGB. scheint daher eher den den freien Grundsätzen des Seeversicherungsrechts entsprechenden Schluß zu rechtfertigen, daß das Seeversicherungsrecht bei der Versicherung einer spes, wie sie ja sowohl imaginärer Gewinn wie imaginäre Provision sind, die Versicherung des nach (vernünftiger) kaufmännischer Berechnung als möglich, nicht nur des mit Wahrscheinlichkeit zu Erwartenden gestatte.

Weiteres Eingehen auf Einzelheiten über die tatsächlichen Folgen des Versicherungsfalles ist im Rahmen dieser Arbeit nicht beabsichtigt. Es kam darauf an, ihr Wesen zu erfassen, darzulegen, daß der vom Versicherer zu ersetzende Schaden stets in einer tatsächlichen Folge des Versicherungsfalls bestehe. Das ist versucht worden.

IV. Rechtsfolgen des Versicherungsfalls.

Zum Abschluß sollen die Rechtsfolgen des Versicherungsfalls in der gesamten Seeversicherung einer kurzen Betrachtung unterzogen werden. Da es bereits möglich war, die Natur der Rechtsfolgen des Versicherungsfalls im allgemeinen Teil zu kennzeichnen, ist nicht beabsichtigt oder vonnöten, hierüber nochmals Ausführungen zu machen. Primäre Rechtsfolge des Versicherungsfalls, die alle anderen enthält, ist, daß das Moment der Unsicherheit, das jedem Versicherungsverhältnis notwendig innewohnt, beseitigt wird und daß damit das Versicherungsverhältnis ins Liquidations-

---

[1]) vgl. RG. 36, 133 und auch 94, 270, wo freilich schließlich durch 100, 90 der klägerische Anspruch anerkannt wurde, aber erst nach umfangreicher Beweisaufnahme und Verhandlungen die gerade durch die vereinbarte Klausel hatten vermieden werden sollen.

[2]) S. 110.

stadium tritt. Auch auf Einzelheiten soll nicht eingegangen werden, nicht alle Rechtsfolgen, deren stets wiederkehrende Reihe bereits in der Sachversicherung genannt war[1]), schematisch aufgezählt, insbesondere auch nicht entschieden werden, ob der Versicherer in diesem oder jenem zweifelhaften Fall haftet. Für Probleme dieser Art ist grundsätzlich entscheidend, ob ein Versicherungsfall eingetreten ist und was für Folgen er gehabt hat, ob bestimmte Enderfolge als Folgen eines Versicherungsfalls, als durch ihn kausal bedingt anzusehen sind oder nicht. Probleme dieser Art sind daher bei Schilderung des tatsächlichen Ereignisses selbst und seiner tatsächlichen Folgen erörtert worden[2]). Hier soll nur noch dargelegt werden, welcher Stempel der primären oder den gesamten Rechtsfolgen des Versicherungsfalles in der Seeversicherung aufgedrückt ist, unter welchem Gesichtspunkt sie zu betrachten sind. Am besten wird dies ausgedrückt in einer bereits zitierten Entscheidung des Reichsgerichts[3]): Die Sätze des Seeversicherungsrechts sind auf eine praktische für den Großverkehr geeignete Handhabung gemünzt und nehmen häufig auf eine glatte Erledigung der Schadensfälle mehr Rücksicht, als auf absolute Korrektheit. Diese glatte, dem kaufmännischen Bedürfnis entsprechende Erledigung wird stets angestrebt; ihr dienen die Modifikationen der Rechtsfolgen des Versicherungsfalls im Seeversicherungsrecht. Ihr zuliebe spielt im Seeversicherungsrecht die Taxe eine überragende Rolle. Streitigkeiten über den Versicherungswert sollen nach Eintritt des Versicherungsfalls nach Möglichkeit vermieden werden, werden auch durch die Taxe in großem Umfang ausgeschaltet. Der glatten Erledigung der Schadensfälle dient auch, daß das Seeversicherungsrecht eine unverhältnismäßig große Anzahl von Fällen geschaffen hat, in denen der Versicherte die ganze Versicherungssumme verlangen kann. In den Fällen der Reparaturunfähigkeit und -unwürdigkeit des Schiffes, der Zerstörung der ursprünglichen Beschaffenheit der versicherten Sache, der Nichtankunft der Güter am Bestimmungsort in der Gewinnversicherung braucht nicht der Schaden des Versicherten genau ermittelt zu werden. Der Versicherte kann vielmehr ohne Weiteres die ganze Versicherungssumme verlangen, muß sich nur den Wert des Versteigerungserlöses bzw. des Geretteten, bzw. des durch anderweite Verwertung der Güter über den Versicherungswert hinaus Erlangten anrechnen lassen. Der glatten Erledigung dient auch der Ausschluß der Haftung für Bagatellschäden, sowie deren häufiger Ausschluß für Beschädigung. Eine Liquidierung von Bagatellschäden lohnt nicht und die Inanspruchnahme des Versicherers bei Beschädigungen pflegt erfahrungsgemäß „zu ewigen Streitigkeiten und Zänkereien" zu führen. Auch für Teilschäden, die bezüglich der Schadensfeststellung ja stets größere Schwierigkeiten bereiten, als Totalschäden, ist durch genaue Bestimmungen über die Art der Schadensfeststellung Streitigkeiten nach Möglichkeit der Boden entzogen. Die Verteilung des Geretteten unter die verschiedenen Versicherer nach Auszahlung der Versicherungssumme, die dem Hauptversicherer das ganze Provenu zukommen, den Versicherer von Nebeninteres-

[1]) s. oben S. 29.
[2]) vgl. oben S. 57.
[3]) RG. 77, 307.

sen leer ausgehen läßt, dient dem gleichen Prinzip. Denkbar größte Vereinfachung der Liquidierung schafft auch die Möglichkeit des Abandons des Versicherers. Endlich entspricht auch die Erfindung des Abandonrechts des Versicherten dem gleichen Grundsatz und der Entwicklungsweg der Liquidierung in den Abandonfällen zeigt, wie das Recht sich mehr und mehr dem Bedürfnis nach Vereinfachung und großzügiger Erledigung beugte. Das Abandonrecht ist sogar in dieser Beziehung noch über das übrige Seeversicherungsrecht hinausgegangen. Bei Zerstörung der ursprünglichen Beschaffenheit der versicherten Sache oder in Fällen der Reparaturunfähigkeit und -unwürdigkeit hat der Versicherte selbst das Gerettete zu verwerten, eventuell bzw. stets durch Versteigerung, Gerettetes sich auf die Versicherungssumme anrechnen zu lassen. Direkt auf den Versicherer gehen nur die Rechte an dem Provenu über, das nach Auszahlung der Versicherungssumme geborgen wurde. Beim Abandonrecht aber ist die Verwertung der Rechte an der versicherten Sache von vornherein in die Hand des Versicherers gelegt und — das ist besonders zu merken — der Versicherer erhält diese Rechte bereits mit dem Verlangen des Versicherten auf die Versicherungssumme, das ist ja eben die Abandonerklärung, nicht erst wie sonst nach Zahlung der Versicherungssumme. Die Regelung entspringt der früheren Vorstellung, Voraussetzung der Leistungspflicht des Versicherers müsse Sicherheit über den Verlust sein. Wo diese nicht bestehe, müsse sie durch den Übergang der Rechte in der Abandonerklärung geschaffen werden. Dem Versicherten könne nicht gleichzeitig der Anspruch auf die Versicherungssumme und das Recht an der versicherten Sache zustehen. Der gegenwärtigen Regelung ist zugute zu halten: sie zwingt den Versicherten, genau zu überlegen, ob er die Versicherungssumme verlangen will — er braucht das ja nicht zu tun — und sie schafft absolute Klarheit über die Rechtslage. Der Versicherte kann nicht auf dem Rücken des Versicherers spekulieren und zunächst die Versicherungssumme verlangen, dann, wenn das verschollene Schiff wieder auftaucht, auf die Versicherungssumme verzichten und statt dessen seine Rechte an der versicherten Sache wieder geltend machen. Trotzdem kann die geltende Regelung zu einem unbilligen Ergebnis führen. Hat der Versicherte abandonniert und fällt dann der Versicherer in Konkurs, so muß sich der Versicherte mit der Konkursdividende begnügen und die Rechte an der versicherten Sache fallen vollständig in die Konkursmasse. Sie sind ja bereits durch die Abandonerklärung übergegangen, so daß der Versicherte nicht mehr zurückhalten oder aufrechnen kann. Es ist damit eine Wirkung des Übergangs der Rechte zum Nachteil des Versicherten möglich, die sonst dem Prinzip des Übergangs der Rechte widerspricht[1]). Es erscheint daher billiger und de lege ferenda zu fordern, daß wie stets der Übergang der Rechte erst nach Zahlung der Versicherungssumme erfolge oder daß er wenigstens nicht zum Nachteil des Versicherten geltend gemacht werden könne. Diese Regelung ist nach der Erkenntnis, daß in den Abandonfällen Versicherungsfälle eingetreten sind, die durch Beeinträchtigung des versicherten Interesses auch zum Schaden geführt haben, in systematischer

[1]) Ritter S. 870 und insbes. § 67 Abs. 1 Satz 2 VVG.

Hinsicht möglich. Es besteht kein Bedürfnis mehr, durch die Abandonerklärung erst einen Totalverlust und damit die Voraussetzung für die Zahlungspflicht des Versicherers zu schaffen. Dem Bedürfnis nach Klarheit und Verhinderung von Spekulationen auf Kosten des Versicherers kann trotzdem Rechnung getragen werden dadurch, daß das Verlangen auf die Versicherungssumme nach wie vor unwiderruflich bleibt, der Versicherer sich also den Übergang der Rechte durch sofortige Zahlung stets sichern kann.

Zweck der Modifikationen der geschilderten Rechtsfolgen des Versicherungsfalls wie der Sätze des Seeversicherungsrechts überhaupt, schnelle und praktische Handhabe im Großverkehr zu ermöglichen, wird der Richter bei Anwendung dieser Sätze stets zu berücksichtigen haben. Auch die vorliegende Arbeit war bemüht, diesen Gedanken stets im Auge zu behalten. Sie ist wissentlich vielfach von der herrschenden Ansicht abgewichen, hofft aber zu praktisch brauchbaren Ergebnissen gekommen zu sein.

FSC
www.fsc.org
MIX
Papier | Fördert
gute Waldnutzung
FSC® C083411

Kolibri 360 GmbH
Ferdinand-Jühlke-Straße 7
99095 Erfurt, Deutschland
produktsicherheit@kolibri360.de